城市信息模型（CIM）系列丛书

城市信息模型（CIM）标准体系探索与实践

陈顺清 | 主　编
包世泰　张永刚 | 副主编

中国建筑工业出版社

图书在版编目（CIP）数据

城市信息模型（CIM）标准体系探索与实践 / 陈顺清主编；包世泰，张永刚副主编．—北京：中国建筑工业出版社，2022.10（2024.7重印）
（城市信息模型（CIM）系列丛书）
ISBN 978-7-112-27950-0

Ⅰ. ①城… Ⅱ. ①陈… ②包… ③张… Ⅲ. ①城市规划—信息化—研究—中国 Ⅳ. ①TU984.2-39

中国版本图书馆CIP数据核字（2022）第174348号

责任编辑：杜　洁　李玲洁
书籍设计：锋尚设计
责任校对：张　颖

城市信息模型（CIM）系列丛书
城市信息模型（CIM）标准体系探索与实践
陈顺清　主编
包世泰　张永刚　副主编
*
中国建筑工业出版社出版、发行（北京海淀三里河路9号）
各地新华书店、建筑书店经销
北京锋尚制版有限公司制版
建工社（河北）印刷有限公司印刷
*
开本：787毫米×1092毫米　1/16　印张：12　字数：235千字
2022年11月第一版　2024年7月第二次印刷
定价：**58.00**元
ISBN 978-7-112-27950-0
（39994）

序

我国已经进入城市化建设的中后期，城市发展由大规模增量建设转为存量提质改造和增量结构调整并重，从“有没有”转向“好不好”，进入到了城市发展新的历史阶段，亟须进一步提高城市精细化管理水平和加强城市治理方式创新。城市信息模型（City Information Modeling，CIM）作为数字孪生城市的内核，整合城市地上地下、室内室外、历史现状未来多尺度多维度空间数据和物联感知数据，构建起三维数字空间的城市信息有机综合体，为城市精细化管理和治理方式创新提供了新方法、新途径、新工具，成为当下研究的热点。

为推动CIM的建设与应用，国家“十四五”规划、党中央网络强国等相关行动和政策中多次强调要建设并完善CIM基础平台。住房和城乡建设部结合工程建设项目审批制度改革，先后在广州、厦门、南京等地开展CIM平台的建设试点工作，为探索CIM的建设积累了经验，并先后出台了《关于开展城市信息模型（CIM）基础平台建设的指导意见》《城市信息模型（CIM）基础平台技术导则》及其修订版等文件，指导各地推进CIM基础平台建设相关工作，并于近期颁布《城市信息模型基础平台技术标准》CJJ/T 315—2022这一行业标准，以规范各级城市信息模型基础平台建设。

在这些规范性文件的指导下，我国各地的CIM建设如火如荼。秉承“标准先行”的原则，CIM标准的研究与编制亦是各地CIM建设工作的重点。然而，各层面标准的制定并不能完全解决我国CIM发展领域标准体系仍然不健全这一突出问题，需要业内各方从顶层设计、平台建设、数据治理和应用体系等方面全盘考虑，形成一套完整的可赋能智慧城市的CIM标准体系。

在此背景下，《城市信息模型（CIM）标准体系探索与实践》一书的编写出版恰逢其时。此书从概念起源、发展的政策和技术背景以及未来发展趋势等方面对城市信息模型进行了概述，介绍了标准体系构建的理论和方法，梳理了智慧城市、BIM和测绘地理信息等与CIM紧密联系的相关领域现有标准体系，提出了基于UML描述的CIM标准体系框架，并以“如何定义CIM、如何建设CIM平台以及如何应用CIM平台”为主脉络介绍了其中所涉及标准的适用范围和对其主要技术内容的构想，对我国CIM标准体系构建进行了系统性的理论探索，并提供了典型的实践案例。

作为未来整个城市发展的多尺度多维度数字底座，CIM为“新城建”提供多维、立体、动态的基础模型。希望本书的出版可助力各级城市信息模型建设，追求和验证已知信息与数据在城市治理中的作用与价值。于民众，可以更加理性、客观、全面地认知所生活的城市；于管理者，可以进一步提升决策水平、提高城市运行效率。CIM的发展与建设，将有力促进实现管理决策更高效、公众服务更便捷，让城市生活更美好。

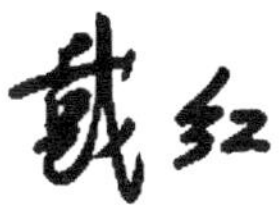

2022年4月2日

前言

城市信息模型（CIM）是近年逐渐兴起的新概念，通常指以建筑信息模型（BIM）、地理信息系统（GIS）、物联网（IoT）等技术为基础，整合城市地上地下、室内室外、历史现状未来多维多尺度空间数据和物联感知数据，构建起三维数字空间的城市信息有机综合体。城市信息模型不仅可以精细化、可视化表达城市对象，还可支撑城市规划、建设和管理全过程，将成为推动城市治理能力现代化的重要抓手。2018年随着住房和城乡建设部CIM平台试点工作的开展，CIM开始进入探索建设阶段；2020年国家新型基础设施建设战略明确加快CIM建设和应用，CIM还写入了《中华人民共和国国民经济和社会发展第十四个五年规划和2035年远景目标纲要》，CIM将进入快速发展期。

城市信息模型是融合了亿量级城市数据的综合体，这些数据来源于社会、经济、人文等多个领域，住房和城乡建设部正在制定相关行业标准规范，尚未形成完善的标准体系；另外，各地在推进CIM平台建设与应用服务过程中出现标准规范欠缺、已有标准定位不清、部分重叠、层次交错甚至互相矛盾等问题。构建CIM标准体系可厘清国家标准、行业标准与地方标准的需求、定位、主要内容和衔接关系，保障CIM建设和应用过程中的各个环节都严格遵照国家、行业和地方有关标准和规范的要求，保证CIM数据及其应用的兼容性、有效性、统一性。CIM标准体系的构建不仅对CIM平台建设和应用具有指导意义，而且能推动CIM数据采集、感知汇聚、智能处理、挖掘分析、模拟仿真和共享应用，构建数字政府与智慧城市的数字底座实现信息互通、共建共享，支撑数字经济转型与创新驱动发展。

本书从城市信息模型概述、标准体系理论与方法、CIM标准体系、CIM基础与通用标准、CIM数据与平台、CIM应用标准、实践案例、总结与展望八个方面，对CIM标准体系探索与实践进行研究和总结。第1章，从CIM概念起源和相关政策背景切入，介绍了CIM现状发展与趋势。第2章，介绍了标准体系构建的理论与方法以及CIM标准体系的研究过程。第3章，参考借鉴国内外相关标准体系，形成CIM标准体系研究成果。第4章，介绍了CIM术语、CIM核心概念与框架、分类与编码、分级与表达及模型元数据等阶段性成果。第5章，总结了CIM数据构成、采集、建模与加工、CIM平台建设与运维等内容。第6章，分析了CIM应用领域与场景，提出了相应的标准建设需求。第7章，介绍了广州、南京等试点城市的标准体系研究典型案例。最后对CIM标准体系的研究探索进行思考和展望，展望了CIM标准应用。

本书围绕CIM标准体系的研究与探索，总结了CIM标准体系的研究成果，融入了试点城市CIM标准体系建设的实践案例，为各地CIM标准体系探索与发展提供新思路、新途径，为CIM相关产业发展提供借鉴和参考。由于CIM从理念到技术属于新事物，标准与标准体系研究挑战巨大，作者水平有限，书中遗漏之处在所难免，敬请广大读者不吝指正。

编者

2022年3月

目录

第1章 城市信息模型概述

1.1 概念起源

1.1.1 城市与模型

城市起源于人类活动与定居，是基于自然资源与环境条件建设形成建筑与基础设施等汇聚的物质空间，进而支撑人类社会经济活动。现代城市逐渐演变为人流、资金流、物资流、能量流、信息流高度交汇，多维度、多结构、多层次、多要素间关联关系高度繁杂的开放的巨系统。现代城市作为一个复杂的巨系统，主要体现在构成子系统数量巨大、层次众多、关联复杂，各个子系统之间、整个系统与外界之间相互联系，进行物质、能量、信息的生产、交换与传输[1]。

为了更好地理解、管理和运营城市这一复杂巨系统，人们运用各种方法研究城市组成要素（人与组织、资源与环境、建筑与设施等）及其规划建设运行机理。其中，对城市系统进行抽象与概化形成城市模型，是理解城市空间现象变化、对城市系统进行科学管理和规划的重要方法[2]。城市模型作为一种城市量化研究方法，历经数十年发展在国外城市规划研究和实践领域具有广泛的应用。在研究领域，城市模型为理解城市系统结构和各子系统运行机制提供了有效的理论和技术支持，有助于深入挖掘各系统层级的城市活动与城市空间结构之间的紧密关联，拓展了传统城市空间研究的内涵；在实践领域，城市模型被广泛应用于规划政策的设计与管理工作，及其社会、经济、环境影响评估[3]，提升了城市规划与管理水平。

2011年Colin Harrison和Ian Abbott Donnelly从城市系统视角出发提出了智慧城市的城市系统模型，他们认为，智慧城市的本质就是一个城市信息系统，它通过在城市内部构建一个发达的城市信息系统，实现信息的产生、收集、传递、运用、反馈。通过将城市中包含和流动的不同类型的信息加以分类和结构化，他们建立了包括自然环境、基础设施、资源、服务、社会系统五个层次的城市模型[4]，如图1–1所示。

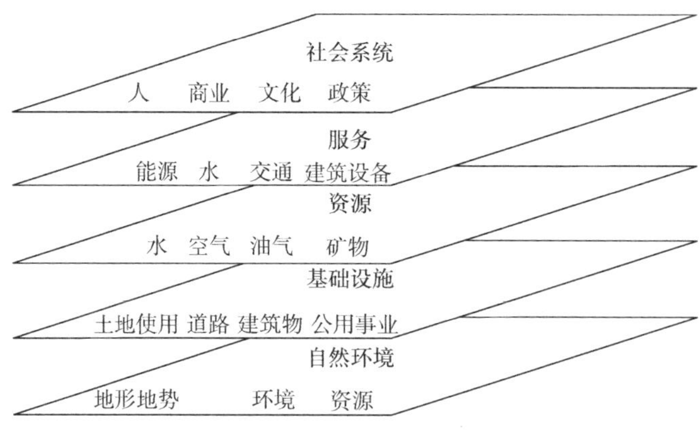

图1-1　智慧城市的概念模型

2012年，英国剑桥大学建筑学院和马丁中心合作的ReVISIONS项目以英国东南部地区为案例区域，尝试建立一套整合的城市模型体系，涵盖城市经济、土地、建筑、能源、交通、环境（空气质量、水资源、固体废弃物）等子系统，通过预测人类活动与城市空间、基础设施之间的供需关系，对城市空间规划和基础设施规划的可持续性进行评价和优化[5]。图1-2为ReVISIONS项目中建立的整合性模型框架，中部的灰色区域为城市经济、社会生活所涉及的基础产品和服务，左侧为由城市环境、能源、交通技术子模型驱动的供给模拟模型，右侧为由城市空间区位选择模型驱动的需求模拟模型。

国际标准 ISO 37105:2019 Sustainable cities and communities—Descriptive framework for cities and communities（可持续发展城市和社区描述性框架）基于城市解剖

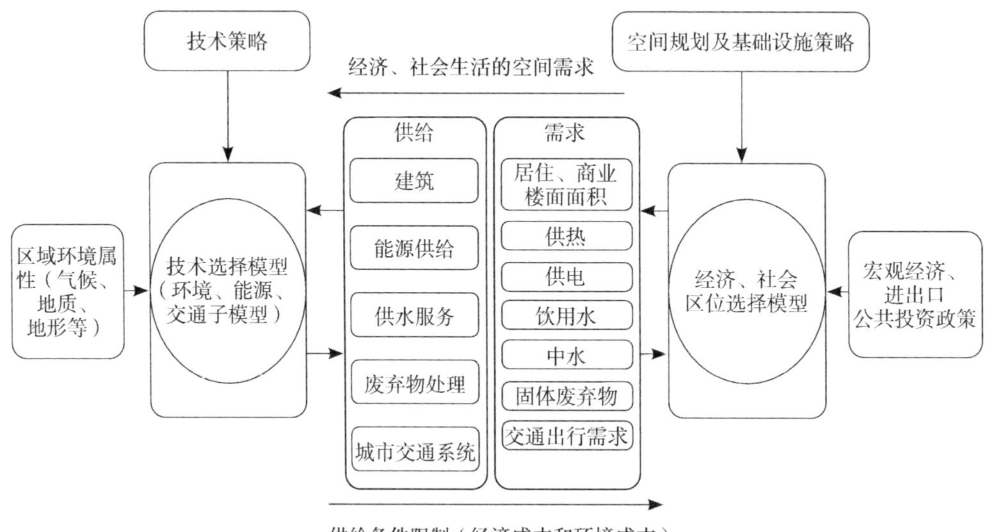

图1-2　ReVISIONS项目中的城市模型框架

学将城市解构为结构系统、社会系统和相互作用系统三个子系统（图1-3所示）[6]。其中，结构指整体的物理结构；社会指的是居住在这一物理结构中，并使用其功能的人；相互作用指的是社会与物理结构之间的相互作用，在相互作用系统里对信息这一子系统要素的阐述比较全面，这是国内学者在描述城市系统结构时还较少涉及的方面。

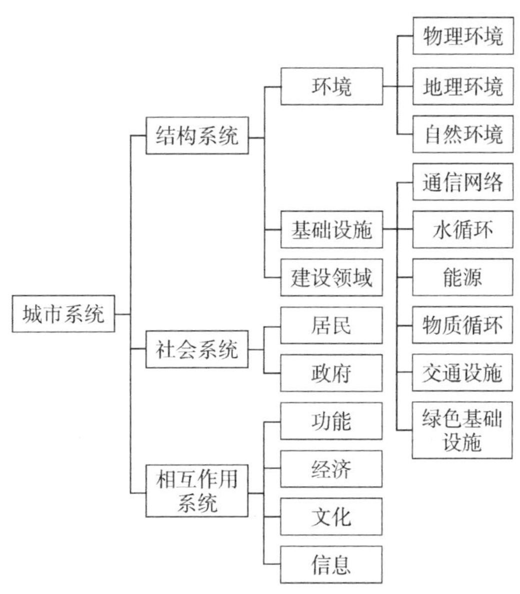

图1-3 城市系统描述性框架

2011年，吴志强院士正式提出了城市智能模型（City Intelligent Model）的概念，并将上海世博园区智能模型进一步完善以适应城市现代管理的需要。按照上海世博会提出的“城市是一个生命体”理念，应给城市以尊重，CIM中间的“I”即为“智能”（intelligent），不仅包括对城市数据的收集、储存和处理，更应强调基于多维模型主动地解决城市发展过程中的问题[7]。在实际应用中，城市智能信息模型不仅是信息管理的平台，更是从信息积累处理转变为数据响应分析的平台，不仅简单停留在数据技术应用上，更以智能方式实现信息与人的互动，体现人为的主观选择和城市智能体的整体协调。通过城市智能信息模型平台可以完成城市基础地理、气候环境、建设项目、市政工程等数据的时空集成，并基于计算机算法完成多项关键问题的智能实时响应，提供城市规划设计的优化策略，及时发现并处理设计方案中存在的诸多问题，通过大数据的模拟、迭代，得出更优的解决方案，进而实现城市规划设计的精准化。

1.1.2 城市信息模型

通观城市模型发展历程，其发展趋势在于不断细分，由静态向动态，由“自上而下”向“自下而上”发展。随着信息和网络技术水平的不断提高与BIM技术的广泛应用，城市研究的大数据时代已经悄然到来，城市信息模型（CIM）作为城市的抽象概化与框架基础，为新型智慧城市建设提供了新方法、新途径、新工具，并成为当下研究的热点。

2005年Hamilton等为满足城市规划不同方面数据集收集的需求，以综合数据集为基础，在3D城市模型上，加上时间、社会、经济、环境等维度提出多维城市信息模型（nD Urban Information Model）的概念（图1–4）[8]。多维城市信息模型还可以解释为3D城市模型结合建筑设施全生命周期中各阶段所需的全部信息而形成的扩展模型，这个概念还可以引申到更为复杂的城市环境中，在城市内不同数据集建立整合和相互操作关系过程中，综合各种分散数据源。即便如此，它仍然只是一个信息整合的框架，还需要依靠数据库、XML或中间件技术来支持，同时考虑标准和元数据等方面的因素，以满足城市在不同层面上进行数据的收集、整理、使用、交换和转换。

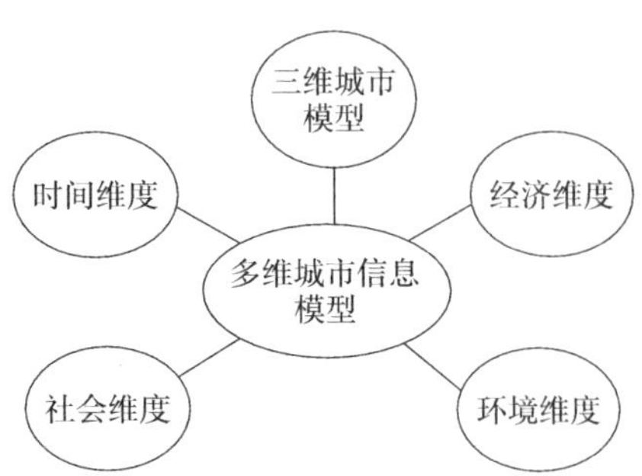

图1–4　多维城市信息模型

2013年Todor Stojanovski通过探讨建筑、社会学、地理、经济、交通和计算机科学中不同的城市理论、论述和表示方法，概念化城市为一个具有动态关系或连接的系统，由无数不可再分割的，有各自属性表和对应3D空间坐标系的街区构成，将其看成城市主义中的建筑信息模型，是以二维空间和三维空间中的符号为代表的城市元素系统，也是添加了多层次和多尺度视图的设计师工具箱和3D元素及其关系的地理信息系统（GIS）（3D GIS或3D信息系统）三维扩展[9]。

2014年Xu等针对现有三维数字城市模型的不足，提出了一种城市模型建设的新思路。他将城市信息模型划分为建筑、交通、水体、MEP（Mechanical，Electrical & Plumbing）、城市设施等多个模块，如图1–5所示，然后建立了模块的建筑信息模型（BIM），利用GIS将BIM定位在具体的城市区域中，并尝试将IFC（BIM标准）和CityGML（GIS标准）集成起来，以使几何信息和详细的建筑信息得到很好的结合。这样的框架适用性相对更广，有利于实现数字城市全方位的横向和垂直管理，提高城市管理的整体效率[10]。

城市信息模型在新技术的推动下研究开始深入。在物联网（IoT）技术日益成熟的背景下，2015年Isikdag认为在GIS的框架下将IoT与BIM融合，能够实现城市动

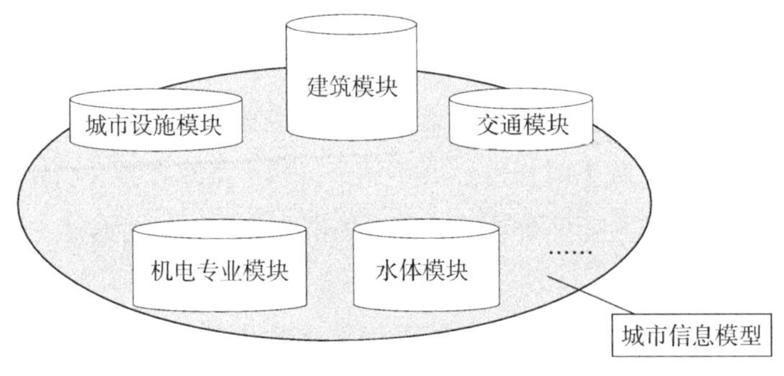

图1–5　城市信息模型框架

态数据和静态数据的交互，覆盖更为全面的智慧城市应用场景[11]。2020年Lehner等将CIM视作城市尺度的数字孪生体，期望CIM在大数据、人工智能等新技术的驱动下实现数字模型和物理实体之间的智能交互[12]。

虽然"城市信息模型（CIM）"一词近些年才较多的被研究领域使用，但众多专家学者对城市的概念与模型已有大量思考，只是受限于专业与技术，这些模型往往只针对单一领域，应用范围较窄。本书综合考虑多种信息模型，认为CIM框架由城市内的自然人和组织单位，建筑与设施，资源与环境，现状空间、规划空间，规划、建设、管理过程和感知监测及其相关关系数字孪生形成的信息实体等组成。

参考CIM概念框架如图1-6所示，我们提出其定义：CIM是以BIM、GIS、IoT、VR/AR等技术为基础，整合城市地上地下、室内室外、历史现状未来多维多尺度空间数据和物联感知数据、仿真模拟数据，构建起三维数字空间的城市信息有机综合体。

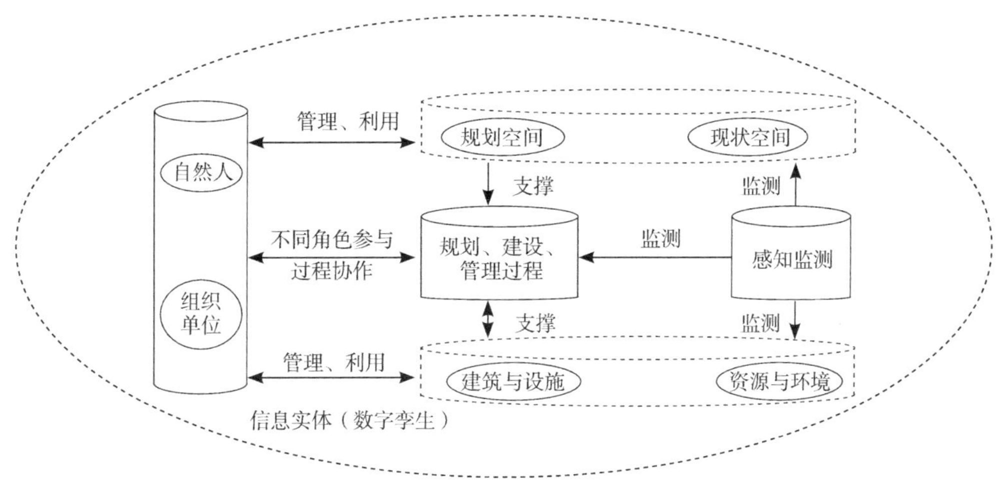

图1-6 城市信息模型概念框架

1.1.3 数字孪生城市

与CIM密切相关的概念还有"数字孪生城市"，它是利用"数字孪生"技术对城市进行抽象建模，基于物理城市再造一个与之精准映射、匹配对应的虚拟城市，形成物理维度上的实体城市和信息维度上的虚拟城市同生共存、虚实交融的城市发展形态[13]。

近年来各国开始重视数字孪生城市建设。2019年，德国工业4.0参考框架将数字孪生作为了重要内容。2020年4月，英国重磅发布《英国国家数字孪生体原则》，讲述构建国家级数字孪生体的价值、标准、原则及路线图，以便统一各行业独立开发数字孪生体的标准，实现孪生体间高效、安全的数据共享，释放数据资源整合价值，优化社会、经济、环境发展方式。2020年5月，美国组建数字孪生联盟，联盟成员跨多个行业进行协作、相互学习，并开发各类应用。2020年2月，美国工业互联网联盟将数字孪生作为工业互联网落地的核心和关键，正式发布《工业应用中的数字孪生：定义，行业价值、设计、标准及应用案例》白皮书。2021年，我国《国民经济和社会发展第十四个五年规划和2035年远景目标纲要》中提出“完善城市信息模型平台和运行管理服务平台，构建城市数据资源体系，推进城市数据大脑建设，探索建设数字孪生城市”等内容。

目前，已有部分城市开始将数字孪生的理念融入城市建设和管理中，开展数字孪生城市建设的探索。2015年，新加坡政府和达索系统公司宣布合作开发“虚拟新加坡”，构建新加坡城市3D数字模型，形成具有动静态数据和可视化技术的协作平台，用于城市规划、维护和灾害预警项目[14]。2018年，《河北雄安新区规划纲要》发布，新区推进BIM管理平台（一期）建设，平台将建立不同阶段的城市空间信息模型和循环迭代规则，采用GIS和BIM融合的数字技术记录新区成长的每一个瞬间，结合5G、物联网、人工智能等新型基础设施的建设，逐步建成一个与实体城市完全镜像的虚拟世界。2019年，法国大力推进数字孪生巴黎建设，打造数字孪生城市样板，利用虚拟教堂模型助力巴黎圣母院重建。

融合城市运营动态数据（比如人口普查、社会经济、能源消耗等）和虚拟3D城市信息模型是数字孪生城市的基础与核心[13]（图1-7），在此基础上虚拟城市与实体城市建立全面实时的联系，从而实现对城市系统要素全生命周期的数字化记录、对城市状态的实时感知以及对城市发展的智能干预和趋势预测。随着时空大数据云平台、国土空间基础信息平台、城市数据大脑、城市运营管理平台等平台的建设更加完善优化、融合交互，并与CIM平台有序对接互通，实现城市全域数据的

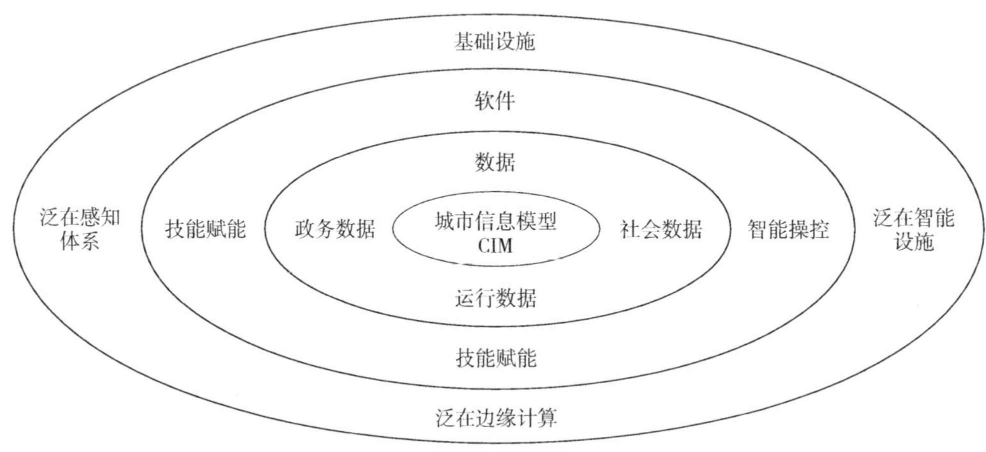

图1-7　CIM与数字孪生城市的关系

汇聚应用、数字化映射和可视化运行，基于CIM平台的城市数字孪生体也将加快构建，助力形成“联动指挥、协同处置、科学决策”的城市智能化、数字化治理模式。

无论是吴志强院士2005年上海世博会规划设计过程中研制并应用的上海世博园区智能模型（campus intelligent model）或2011年提出的城市智能模型（city intelligent model），还是2018年11月住房和城乡建设部发布的《关于开展运用建筑信息模型系统进行工程建设项目审查审批和城市信息模型平台建设试点工作的函》（建城函〔2018〕222号，CIM全球最早的政府文件），都表明CIM概念起源于中国，对构建具有中国特色的数字孪生城市或智慧城市意义重大。

1.2　政策背景

1.2.1　多规合一业务协同

国内CIM探索跟“多规合一”业务协同有紧密关系，2018年11月行业标准《“多规合一”业务协同平台技术标准》（征询意见稿）中提出“有条件的城市，可在BIM应用的基础上建立CIM”。早在2015年广州市开始“多规合一”业务协同探索，在“三规合一”的基础上，2016年1月广州市政府正式颁发《“多规合一”工作方案》，提出按照试点推进、全面铺开、巩固提升三个工作阶段，计划2016年底初步实现“多规合一”，完成一张图、一个信息平台、一个协调机制的工作成果。2018年，广州、南京、厦门、北京城市副中心、雄安新区一同被列为BIM系统应用和CIM平台建设的试点地区。各个地区通过试点工作创新工作方法，探索试点路径，及时总结经验，形成一批可复制、可推广的试点成果。

在总结各地“多规合一”业务协同工作的基础上，住房和城乡建设部于2019年3月20日发布行业标准《工程建设项目业务协同平台技术标准》CJJ/T 296—2019，标准要求以统筹项目策划实施、促进部门空间治理协同、深化审批制度改革、优化营商环境、提升政府服务水平为主线，达成“多规合一”的“数据共享、空间共管、业务共商”的局面。标准中还明确“CIM应用应包含辅助工程建设项目业务协同审批功能，可包含辅助城市智能化运行管理功能”“辅助工程建设项目业务协同审批功能宜包含三维城市场景展示、模型对比、业务分析、仿真模拟功能”。

为指导各地推进CIM基础平台建设，2020年7月住房和城乡建设部会同工业和信息化部、中央网信办印发《关于开展城市信息模型（CIM）基础平台建设的指导意见》，提出了CIM基础平台建设的基本原则、主要目标等，要求“全面推进城市CIM基础平台建设和CIM基础平台在城市规划建设管理领域的广泛应用，带动自主可控技术应用和相关产业发展，提升城市精细化、智慧化管理水平。构建国家、省、市三级CIM基础平台体系，逐步实现城市级CIM基础平台与国家级、省级CIM基础平台的互联互通”。

1.2.2 工程建设项目审批

党中央、国务院高度重视推进政府职能转变和“放管服”改革工作，工程建设项目审批制度改革是推进政府职能转变和“放管服”改革的重要内容。党的十八大以来，我国深入推进“放管服”改革，加快政府职能转变，推出了一系列改革新举措，从简政放权、放管结合到“放管服”三管齐下、全面推进，激发了市场活力，释放了内需潜力，为人民群众办事创业提供了便利，有力支撑了经济社会持续健康发展。2018年6月全国深化“放管服”改革转变政府职能电视电话会议明确要求“五年内工程建设项目从立项到竣工验收全流程审批时间压减一半”。

2018年5月，国务院办公厅发布《关于工程建设项目审批制度改革试点的通知》（国发办〔2018〕33号），要求在国家和地方现有信息平台基础上，整合形成“横向到边，纵向到底”的工程建设项目审批系统，实现统一受理、并联审批、实时流转、跟踪督办、信息共享。2019年3月，国务院办公厅发布《关于全面开展工程建设项目审批制度改革的实施意见》（国发办〔2019〕11号），对工程建设建设项目审批制度实施全流程、全覆盖改革，改革覆盖工程建设项目审批全过程（包括从立项到竣工验收和公共设施接入服务），覆盖行政许可等审批事项和技术审查、中介服务、市政公用服务以及备案等其他类型事项，推动流程优化和标准化。

2020年5月，住房和城乡建设部《关于印发〈工程建设项目审批管理系统管理暂行办法〉的通知》（建办〔2020〕47号）要求各地要以更好更快地方便企业和群众办事为导向，切实落实工程建设项目审批管理系统建设、运行、管理相关各方的责任，健全工作机制，加强部门协同，持续完善系统功能，落实各项改革措施，做好与投资项目在线审批监管平台等相关信息系统的互联互通和信息共享，着力推进工程建设项目全程网上办理，提升审批服务效能，加快形成线上线下一体化审批和管理体系，保障企业复工复产和工程建设项目顺利实施；鼓励建筑信息模型（BIM）、城市信息模型（CIM）等技术在工程建设项目审批中的推广运用，加快推进电子辅助审批，不断提高工程建设项目审批的标准化、智能化水平。

1.2.3 新基建与新城建

“新基建”在2018年12月中央经济工作会议上首次被提及：“加快5G商用步伐，加强人工智能、工业互联网、物联网等新型基础设施建设”。2020年4月20日，国家发展改革委新闻发布会正式明确了新型基础设施的概念与内涵，新型基础设施是以新发展理念为引领，以技术创新为驱动，以信息网络为基础，面向高质量发展需要，提供数字转型、智能升级、融合创新等服务的基础设施体系，主要包括信息基础设施、融合基础设施和创新基础设施三个方面。2021年3月，《中华人民共和国国民经济和社会发展第十四个五年规划和2035年远景目标纲要》明确将新型基础设施作为我国现代化基础设施体系的重要组成部分，提出要“统筹推进传统基础设施和新型基础设施建设，打造系统完备、高效实用、智能绿色、安全可靠的现代化基础设施体系”。“新基建”为推进基于数字化、网络化、智能化的新型城市基础设施建设提供强有力的技术支撑，也为大数据、人工智能、工业互联网等前沿技术提供了广阔的应用场景和创新空间。

“新城建”是5G、大数据、人工智能、云计算、区块链等“新基建”技术在建设领域的广泛运用，“新基建”能够为“新城建”做科技赋能、基础设施赋能及联通，“新城建”则为“新基建”提供具体的城市建设应用场景。2020年8月11日，住房和城乡建设部、中央网信办、科技部以及工业和信息化部等六部委印发了《关于加快推进新型城市基础设施建设的指导意见》（建改发〔2020〕73号），提出以“新城建”对接“新基建”，引领城市转型发展，整体提升城市的建设水平和运行效率。新型城市基础设施建设主要包括城市信息模型（CIM）平台建设、智能化市政基础设施建设和改造、协调发展智慧城市与智能网联汽车、智能化城市安全管理平台建设、智慧社区建设、智能建造与建筑工业化协同发展、城市综合管理服务平台建设七个方面。2020年10月，住房和城乡建设部《关于开展新型城市基础设施建设试点工作的函》（建改发函〔2020〕152号）提出“以‘新城建’对接新型基础设施建设，提升城市基础设施运行效率和报务能力，更好满足人民群众美好生活需要”“以城市信息模型（CIM）平台建设为基础，系统推进‘新城建’各项任务”。

在国家深化放管服、布局“新基建”和“新城建”等诸多政策背景下，城市信息模型（CIM）平台建设作为“新城建”重点任务之一，是产业经济升级转型的潜在推手和跨行业融合的智慧城市建设重要基石，具有广阔且光明的发展前景。智慧城市的兴起和发展需建立在完备的信息化和数字化建设基础上，离不开5G、人工智能、大数据中心等“新基建”的支持。而真正要使新技术、新产业、新业态、新模式与城市规划建设管理深度融合，实现城市的承载力和管理服务水平的提升，推动城市高质量发展，更离不开对城市基础设施进行数字化、网络化、智能化建设和更新改造等“新城建”的工作。

1.2.4 城市数字化共性基础

2024年5月，国家发展改革委、国家数据局、财政部、自然资源部联合发文《关于深化智慧城市发展 推进城市全域数字化转型的指导意见》（发改数据〔2024〕660号），明确“全领域推进城市数字化转型”，建立城市数字化共性基础，为今后城市信息模型平台建设和应用指明了方向。该指导意见指出：构建统一规划、统一架构、统一标准、统一运维的城市运行和治理智能中枢，打造线上线下联动、服务管理协同的城市共性支撑平台，构建开放兼容、共性赋能、安全可靠的综合性基础环境，推进算法、模型等数字资源一体集成部署，探索建立共性组件、模块等共享协作机制。鼓励发展基于人工智能等技术的智能分析、智能调度、智能监管、辅助决策，全面支撑赋能城市数字化转型场景建设与发展。鼓励有条件的地方推进城市信息模型、时空大数据、国土空间基础信息、实景三维中国等基础平台功能整合、协同发展、应用赋能，为城市数字化转型提供统一的时空框架，因地制宜有序探索推进数字孪生城市建设，推动虚实共生、仿真推演、迭代优化的数字孪生场景落地。

该指导意见描绘了城市数字化转型3个“全”景：①“全”领域推进城市数字化转型。要建立并完善城市数字化共性基础平台体系，推进设施互通、数据贯通和业务协同，在城市经济产业、产城融合、城市治理、公共服务、宜居环境、韧性安全等重点领域，以场景为牵引，破解数据供给、流通障碍，形成一批社会有感、企业有感、群众有感的应用，提升数字化转型质效。②“全”方位增强城市数字化转型支撑。要统筹推动城市算力网、数据流通利用基础设施等建设，推进公共设施数字化改造、智能化运营；加快构建数据要素赋能体系，大力推进数据治理和开放开发，夯实数字化转型根基。③“全”过程优化城市数字化转型生态。要加快推进适数化制度创新，持续创新智慧城市运营运维模式，在更大范围、更深层次推动数字化协同发展。

1.3 技术发展

1.3.1 BIM技术

BIM（Building Information Modeling，建筑信息模型）是通过三维数字化技术，以建筑工程项目相关数据为基础，建立一座具有真实建筑信息的虚拟建筑模型，包含有建筑工程项目全生命周期中的各种相关信息。其优点是具有高精度、参数化特征和详尽的语义信息，且贯穿建筑整个生命周期，实现业主单位、设计单位、施工单位、运维单位等建筑参与方基于一个模型进行沟通和协同，打破参与方之间信息孤岛问题，BIM在提升项目生产效率、提高精细化管理水平、降低成本等方面都具有重要价值。为数字城市精细化、精准化管理提供重要数据源，可在三维可视化、工程建设和规划设计等方面大范围应用。

BIM技术理论始于1974年，当时以术语“建筑描述系统（BDS）”提出，用于存储建筑设计信息，包含所有建筑要素或空间。1987年BIM技术首次在信息系统中实现，被冠以术语“虚拟建筑”。1992年BIM这一术语正式出现并因Autodesk公司的产品白皮书将其描述为将信息技术应用于建筑业的产品策略而被普遍接受，并被认为是建筑设计及相关应用领域的一种顶尖技术。2000年代初期，BIM建模技术被用于在试点工程中支持建筑师和工程师的建筑设计工作，之后主流研究主要集中于将BIM应用于规划的改进、设计、碰撞检测、可视化、量化、成本估算和数据管理[15]。

BIM发展到今天，不同行业的人对这个概念的本质仍然存在多种不同的认识，一种最常见的误解是将BIM视为一种软件，另一种常见的误解认为BIM是建筑设计成果的一种三维表达。为了尝试定义BIM，很多学者以不同的视角看待BIM，将BIM视为一个过程、一种模拟、一种方法、一种进化或一项技术工具。这些视角对BIM的理解都是正确的，都满足了工程管理、设施管理、建筑设计和工程设计等不同角色的需求（图1-8）。但从这些视角对BIM的定义即便加在一起也还不够全面，目前对BIM所做的较完整的定义来自于美国的国家BIM标准：BIM是设施的物理和功能特征的数字化表示，它可以用作设施信息的共享知识资源，成为设施全生命期决策的可靠基础。国家标准《建筑信息模型施工应用标准》GB/T 51235—2017给出的定义为：在建筑工程及设施全生命周期内，对其物理和功能特性进行数字化表达，并依次设计、施工、运营的过程和结果的总称。

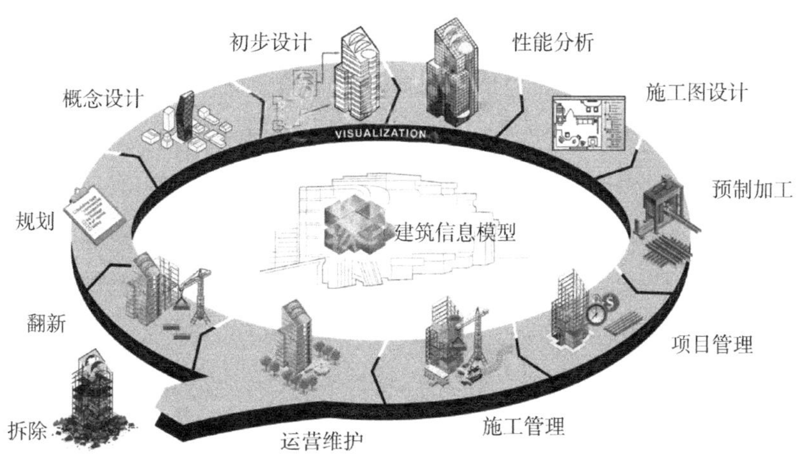

图1-8　建筑信息模型应用示意图

BIM具有三维图形化、构件对象化、信息参数化等特点，可帮助建筑工程实现可视化、精细化和定量化，提高工程建设效率。自提出后逐渐发展至欧洲，目前BIM已经在美国、日本、新加坡等很多国家得到了大力支持和发展。美国大多建筑项目已经开始全面应用BIM，而且存在各种BIM协会，也出台了各种BIM标准。美国BIM标准最大的特征是这些标准之间都有相互参考联系，但标准过于关注技术本身，忽略了与人性不相匹配的工作流程。欧洲主要以英国为例，英国政府要求政府所有部门的工程项目，无论规模大小必须使用BIM，目的是降低成本、提高交付效率、增加可持续性，以及缩小建筑产品和材料的贸易逆差[16]。韩国在BIM技术的运用上十分领先。日本一直以来都是以预制为主，在建筑业很少提BIM的概念，强调的是协同管理和设计施工标准化。新加坡负责建筑业管理的国家机构——建筑管理署（BCA）在2011年与一些政府部门合作确立了示范项目，强制要求提交建筑BIM模型、结构与机电BIM模型，并在2015年前实现所有建筑面积大于5000m^{2}的项目都必须提交BIM模型的目标[17,18]。

2008年前后国内大型设计院推动BIM应用，BIM发展停留在了解BIM概念及BIM对项目的价值，以及用BIM解决设计质量等问题的阶段。2011年我国将BIM纳入第十二个五年计划。次年，中国建筑科学研究院有限公司联合有关单位发起成立BIM发展联盟，积极发展、建置我国大陆BIM技术与标准、软件开发创新平台。施工单位也开始推动BIM应用，建设行业用BIM解决施工中的技术问题与管理问题。2014年前后，业主单位推动BIM应用，建设行业开始对BIM的应用价值有量化的认识，用BIM控制造价。2015年开始，管理咨询单位及政府推动BIM应用，建设行业开始对BIM的应用价值有普遍的共识，有明确的政策和费率。2016年至今，全行业已自发应用BIM，拓展BIM的应用深度和广度，实现BIM商业创新，特别是物业及城市管理部门成为了BIM应用的主要推动单位。

通过BIM技术可以有效地实现建筑信息的集成，在建筑的设计协同、施工管理、运营维护直至建筑全生命周期的各个阶段都能发挥作用。如果说城市是生命体，那么建筑就是构成生命组织的细胞，因此，从BIM到CIM是从单个细胞到复杂生命体之间的转变。相比于过去的城市规划管理重点关注单体BIM应用，未来则必然会更加强调单体之外的系统，在CIM中提供能够大量嵌入BIM模型的母板，还有城市能源、环境、交通、基础设施等支撑系统，以及连接真实世界的传感网络以及社会管理与服务的价值。

1.3.2 3D GIS技术

3D GIS（三维地理信息系统）是以计算机的软件和硬件作为依托，以空间数据库技术作为基础，对三维空间数据加以科学的分析和管理，为决策、规划和研究、管理提供逼真信息的一项技术，这项技术主要专长于场景展示及仿真等能力的发挥。三维GIS既可以包容丰富的空间信息，也可以突破常规二维表示形式的束缚，为更好地洞察和理解现实世界提供了多种多样的选择。但由此也面临着大量更加复杂的问题，如数据量急剧增加、空间关系错综复杂、真实感实时可视化等问题。三维GIS与虚拟现实（VR）紧密相联，是随虚拟现实这一新技术的产生而发展起来的，VR技术是逼真模拟人在现实世界中的人机交互响应，应用领域极为广泛。因此三维GIS系统在一些国家也被称为VR GIS系统[15]。

中国从20世纪90年代开始3D GIS的研究，第一步实现数字化，将建筑和场景进行数字表达，展示在屏幕上。到21世纪初，数字化逐步转变为信息化，在展现的同时，加入了属性信息和关联信息。近年来，信息化实现了跨部门、跨学科的融合，信息化技术真正被应用到了生产生活中，三维模型在城市规划、城市建设、城市管理、交通治理等领域也承担着越来越重要的角色。

3D GIS在日益增长的三维空间信息需求牵引和蓬勃发展的现代新兴技术驱动下得到了稳步的发展。首先，如城市规划设计、城市建设、地下工程和军事等重大领域问题的完整解决和空间信息的社会化应用服务迫切需要3D GIS的支持。其次，三维空间数据获取技术的发展极大的方便了各种类型不同细节程度三维空间数据的可得性，如航空与近景摄影测量、机载与地面激光扫描、地面移动测量与GPS等传感器的精度与速度都有了明显的提高。另外，信息与通信技术的进步为更加有效地处理和利用海量三维空间数据提供了强有力的支撑。在智慧城市建设背景下，3D GIS必将向智慧化、集成化的方向发展，不再只局限于数据可视化，而是复杂异构数据融合、空间分析、挖掘知识、推理预测等能力的演化。

在3D GIS的宏观支撑下，体现微观特征的BIM具备精确完整的空间位置信息、实体对象精细几何图形、逼真外观纹理以及丰富的内涵信息，从而使CIM的应用真正落地于空间定位、分析模拟和综合管理等功能的实现。

1.3.3 IoT技术

IoT（The Internet of Things，物联网）是通信网和互联网的拓展应用和网络延伸，是一个基于互联网、传统电信网等的信息承载体，它让所有能够被独立寻址的普通物理对象形成互联互通的网络。物联网通过对物理世界进行感知、计算、处理，实现人、物和环境等互联互通，在信息的充分交互和链接的基础上进而挖掘知识，从而根据应用需求对物理实体进行实时控制和精确管理。

物联网概念最早由美国麻省理工学院提出，早期的物联网是指依托射频识别技术和设备，按约定的通信协议与互联网相结合，使物品信息实现智能化识别和管理，实现物品信息互联而形成的网络。随着技术和应用的发展，物联网内涵不断扩展，现代意义的物联网可以实现对物的感知识别控制、网络化互联和智能处理有机统一，从而形成高智能决策[15]。

物联网可以采集和传递相关实物动态状态的信息，通过物联网监测感知到的信息可以成为CIM的重要支撑，使得CIM在应用于城市运行管理时，能够及时、透彻地感知建筑、桥梁、地下空间、基础设施、植被、水体、各类设备等物理实体对象的运行状况，以及各类法人、自然人的生产、生活活动，进而通过海量物联感知信息的积累和机器学习，提高问题识别、预测预警、运行评估的准确性，提高城市运行主动保障能力。

1.3.4 数字孪生技术

数字孪生英文名叫Digital Twin，也被称为数字映射、数字镜像，简单来说，就是在一个设备或系统的基础上，创造一个数字版的"克隆体"。数字孪生的思想最早由美国密歇根大学Michael Grieves教授在其产品生命周期管理课程中提出，包括物理空间的实体产品、虚拟空间的虚拟产品以及两者之间的连接三个要素，最初被描述为"镜像空间模型"[19]。美国国家航空航天局（National Aeronautics and Space Administration）和美国空军研究实验室（Air Force Research Laboratory）在提出合作构建未来航天器的数字孪生体给出了这样的定义：数字孪生是一种集成多学科、多物理场、多尺度、多概率的仿真过程，基于物理模型、历史数据以及传感器实时数据构建完整映射的虚拟模型，刻画和反映物理实体的全生命周期过程[20]。数字孪生被全球权威的IT研究与咨询公司Gartner列为2019年十大战略性技术趋势之一，美国通用公司和ANSYS公司、德国西门子公司、法国达索系统公司、德国软件公司SAP等外国企业都致力于将数字孪生技术与自身业务相融合，百度、华为、阿里、科大讯飞、紫光云等国内科技公司也开始提出基于数字孪生的智慧城市解决方案[21]。

随着美国工业互联网、德国工业4.0及中国制造2025等国家层面制造发展战略的提出，智能制造已成为全球制造业发展的共同趋势与目标。数字孪生作为解决智能制造信息物理融合难题和践行智能制造理念与目标的关键使能技术，得到了学术界的广泛关注和研究，并被工业界引入到越来越多的领域进行落地应用，目前许多国际著名企业已开始探索数字孪生技术在产品设计、制造和服务等方面的应用[22, 23]。产品设计方面，德国西门子公司在安贝格数字化工厂中引入了数字孪生理念，将工厂物理环境和虚拟环境融合，构建孪生模型覆盖产品的全生命周期，通过迭代交互，优化产品设计、生产计划、生产过程、加工实施到后续诊断维护的整个过程[24]。英国罗尔斯-罗伊斯公司将数字孪生引入超级喷气发动机的制造过程中，通过构建制造航空发动机风扇叶片的数字孪生模型，提高了发动机25%的燃油消耗效率。美国洛克希德-马丁公司通过在F35飞机生产线上引入制造物联网并搭建一个实时镜像生产环境，构建数字孪生车间，实现生产活动与生产计划相互融合，最终使制造成本缩减超过了60%，制造周期减少了5个月[25]。GE开发的数字孪生平台Predix可以更好地理解和预测资产绩效，这是一个开放的平台，可以应用在工业制造、能源、医疗等各个领域，Predix最强大的地方是基于Digital Twin的工业大数据分析，即将物理设备的各种原始状态通过数据采集和存储，反映在虚拟的信息空间中，通过构建设备的全息模型，实现对设备的掌控和预测。微软加快了其数字孪生产品组合，提供无处不在的物联网平台，用于建模和分析人、空间和设备之间的交互[26]。针对复杂产品创新设计，达索公司建立了基于数字孪生的3D体验平台，利用用户交互反馈的信息不断改进信息世界中的产品设计模型，并反馈到物理实体产品改进中[27]。这些技术领导者的举措已经显著拓宽了数字孪生工程应用的边界。

在故障预测与健康管理方面，美国国家航空航天局将物理系统以及与其等效的虚拟系统相结合，研究了基于数字孪生的复杂系统故障预测与消除方法，并应用在飞机、飞行器、运载火箭等飞行系统的健康管理中[28]。美国空军研究实验室结构科学中心通过将超高保真的飞机虚拟模型与影响飞行的结构偏差和温度计算模型相结合，开展了基于数字孪生的飞机结构寿命预测[29]。

在产品服务方面，PTC公司将数字孪生作为“智能互联产品”的关键性环节，致力于在虚拟世界与现实世界间建立一个实时的连接，将智能产品的每一个动作延伸到下一个产品设计周期，并能实现产品的预测性维修，为客户提供了高效的产品售后服务与支持[30]。

随着数字孪生技术应用需求的不断增长，CIM作为数字孪生城市的核心，将会推动数字孪生城市全生命周期的智能化应用，发挥越来越重要的作用。

1.3.5　新型测绘技术

测绘地理信息作为经济社会发展和国防建设的重要基础，在信息化建设中起着基础性、保障性和先导性作用，测绘地理信息已在经济社会各领域得到广泛应用。近年来，随着倾斜摄影、无人机等新型技术的成熟，可实时、准确地获取城市正射、倾斜或点云数据，大大减少了外业测绘工作量。对于大型的数据采集项目，可借助高端的专业装备，国内自主研发的多视角航空摄影测量系统可高效解决城市级倾斜航空摄影任务；适合各类直升机平台的测绘级航摄仪，可解决城市近机场、繁华地区的城市真三维建模任务[31]。

CIM更加需要新型测绘的强力支撑，在时空大数据管理、地理监测、高精度实体化测绘等方面提出更高要求，基于新型测绘构建的城市三维模型是城市信息模型的主要数据源。重庆市勘测院针对越来越丰富的测绘地理大数据，结合自然、人文、经济、规划等数据，对测绘地理大数据在城乡规划中的应用进行了探索，形成了三维地理空间环境城市用地竖向解决方案，从中发现城市用地变化、城市扩展方向等信息，对城市资源配置作定量与定性分析，为城市发展和规划提供知识服务。武汉市测绘研究院将非专业测绘地理数据作为专业测绘地理数据采集和更新的有益补充，围绕众源测绘地理信息“发现—采集—处理—更新”的技术主线，提出了互联网环境下众源测绘地理信息动态更新方法，并以“勘测成果一张图”为基础平台，整合网络地图、网页文本、视频图像等数据，提升“一张图”数据更新速度和在线分析功能，增加了服务的种类和深度[32]。激光扫描、航空摄影、移动测绘等新型测绘设施可有效获取城市整体轮廓及建筑物外层相关数据，满足CIM快速采集和更新城市地理信息和实景三维数据的需求，确保两个世界的实时镜像和同步运行。

1.3.6 其他技术

1. 云计算、边缘计算

智慧城市下的万物感知互联将产生海量数据，而这些数据不可能全部传送到云计算中心，同时，工业互联网、自动驾驶、视频监控等领域对实时性要求极高，需要在网络的边缘处理数据，因此贴近终端设备的边缘计算成为云计算向边缘侧拓展的新触角。作为大规模整体数据分析的云计算中心和小规模局部数据轻量处理的边缘计算节点，形成全局化的分布式协同计算形态，为智慧城市的精准构建与高效运行提供算力支撑。

海康威视、超图、树根互联等行业企业基于业务场景需求，加快边缘计算在本行业内应用。如海康威视推出AI Cloud架构，从视频监控边缘域到云中心提供计算池化能力；超图为应对海量空间数据的分析和处理，发布了边缘计算产品SuperMap iEdge 9D，提供边缘GIS能力；树根互联推出根云平台，通过根云T-Box车载物联盒、根云Gateway、根云物联代理开放平台、大数据工坊等一系列产品，为各行业企业提供云边协同计算能力[31]。

云边协同计算作为“算力”支撑，应用于智慧城市各个场景中。智慧交通方面，道路边缘节点集成地图、交通信号、附近移动目标等信息系统，边缘计算可以与云计算配合，将大部分的计算负载整合到道路边缘层，进行实时的信息交互，实现车路协同和自动驾驶。安防监控方面，视频监控可以在边缘计算节点（视频探头等）上搭载AI模块，面向视频监控、智能安防、人脸识别等业务场景，以大带宽、低时延、快响应等特性实现本地分析、快速处理、实时响应。智能家庭方面，用户可以通过网络连接边缘计算节点（家庭网关、智能终端等）对家庭终端进行控制，还可以通过访问云端对海量数据进行访问，实现电器控制、视频监控、定时控制、环境检测、可视对讲等功能[33,34]。

边缘计算是部署在各类智能感知设备上，通过初步计算进行数据过滤，完成对数据的第一步清洗，利用云计算的虚拟、分布等特点，形成大规模、群体的计算能力，将通过“边缘计算+云计算”之后的计算结果输入到数据处理中心，进行价值化定义，输出所需要的决策结果。“边缘计算+云计算”的模式可高效处理CIM（城市信息模型）数据的分布式存储、计算和更新问题。

2. AI人工智能

AI（Artificial Intelligence）技术的应用，可使城市从以往部门之间各自为战、治标不治本、被动迟缓的基层治理模式，转变为全域协同治理、问题智能响应、需求提前预判的模式，构建起高效智慧的城市运行规则。在智慧城市中，对人工智能的应用主要集中在海量数据处理、系统运行优化等方面。

目前，数字孪生城市中较为成熟的人工智能产品有泰瑞数创CIM Generator空间语义平台和商汤科技Sense Earth平台。前者是一款融合了深度语义信息的AI PAAS平台，它包含了一个强大的人工智能内核，可将各类数据自动解译生成城市语义模型。同时支持多数据源，包括遥感影像、航空影像、激光点云、建筑图纸等数据输入，并内置插件式AI组件，包括深度学习算法框架，内插多组网络模型，支持分布式架构。Sense Earth智能遥感影像解译平台是一款面向公众公开的遥感影像浏览及解译在线工具，具有强大的数据解析和洞察能力，可提供在线体验基于卫星影像的道路提取、舰船检测、土地利用分类等人工智能解译功能，并可支撑用户浏览历史影像，以月度为单位对不同时段的影像进行变化检测，快速感知城市的变迁与发展[35]。

一方面，AI能实现有效采样、模式识别、行动指南和规划决策等功能，洞悉城市复杂运行规律并预测其演变。另一方面，AI通过迭代更新和不断优化，提升智能算法执行的效率和性能，可保证数据决策的有效性和高效性，制定全局最优策略，实现城市层面的全局统一调度与协同。人工智能的引入将极大提升CIM数据处理的智能化水平，推动城市治理数字化发展。

3. VR虚拟现实

VR（Virtual Reality）技术是集计算机科学等多学科技术为一体，结合计算机硬件设备，生成具有沉浸感（Immersion）、交互性（Interaction）和想象性（Imagination）为特征的高度近似的数字化虚拟环境[36]，让用户在借助必要的装备体验时能够产生身临其境的真实感受。

以美国为首的发达国家从1990年就开始发展虚拟仿真技术。最早是在军事方面进行虚拟现实研究，对飞行员使用虚拟飞行驾驶方式进行模拟训练。随着科技和社会的不断发展，虚拟现实技术也逐渐变得大众化，主要集中于用户UI面板设计、用户感知、硬件设备和后台软件四个方面[37]。我国在虚拟现实方面的研究起步较晚，因此对VR的研究相对来说不是很多，目前应用集中在航空航天、军事模拟、手术模拟、游戏、影视、城市规划设计等领域。

基于VR技术，用户可以预先对工程项目进行真实感受，进入模型内部，通过操控来深入了解建筑功能布局和朝向、采光、通风等情况，可视化、交互和想象是VR技术的三个重要特征，也是VR的最大优势[38]。可视化作为CIM发展的一大方向，将建筑信息和地理数据通过计算机处理转化为图像的形式，能够更加直观有效地把信息传递给用户[39]。目前，CIM可视化发展相对较为成熟，许多CIM平台具备可视化功能，而与VR技术的结合也使得CIM平台具备从建筑单体、社区到城市级别的模拟仿真能力，传达更加丰富和直观的信息，实现城市规划建设管理的模拟仿真。

1.4 城市信息模型发展现状与趋势

目前，国内外在CIM领域均属于研究和探索阶段。王永海等通过对比分析城市三维模型、CityGML分级及建筑信息模型（BIM）等标准的分级层次，提出了CIM从地表模型到零件级模型逐渐精细的分级方法，对CIM分类进行定义与扩展，从成果、进程、资源、属性和应用五大维度探究了分类和分类规则[40]；许镇等通过梳理CIM的发展过程，总结出CIM的主要研究方向为框架设计、数据融合及可视化，并介绍了CIM的技术实现平台及典型应用[39]；胡睿博等总结出CIM在城市规划方面的典型应用包括城市空间布局优化、规划许可程序自动化、公路线路规划与纠偏，在城市建设方面的典型应用包括建筑供应链管理、施工场地规划、安全风险监控，在城市运维方面的典型应用包括城市能耗模拟与优化、城市危险源应急模拟、古建筑维护[41]。

近年来，住房和城乡建设部、发展改革委、科技部、工业和信息化部和自然资源部等部委密集出台政策文件和CIM相关标准（图1-9），有力推动CIM平台相关技术、产业、应用快速发展，助力智慧城市建设。

2020年7月发布的《关于开展城市信息模型（CIM）基础平台建设的指导意见》（简称“指导意见”）明确了CIM基础平台的指导思想、基本原则、主要目标、平台定位、平台功能、数据和标准要求、“CIM+”应用方向、保障机制和措施。2020年8月，住房和城乡建设部、中央网信办、科技部、工业和信息化部等七部委印发了《关于加快推进新型城市基础设施建设的指导意见》（建改发〔2020〕73号），提出

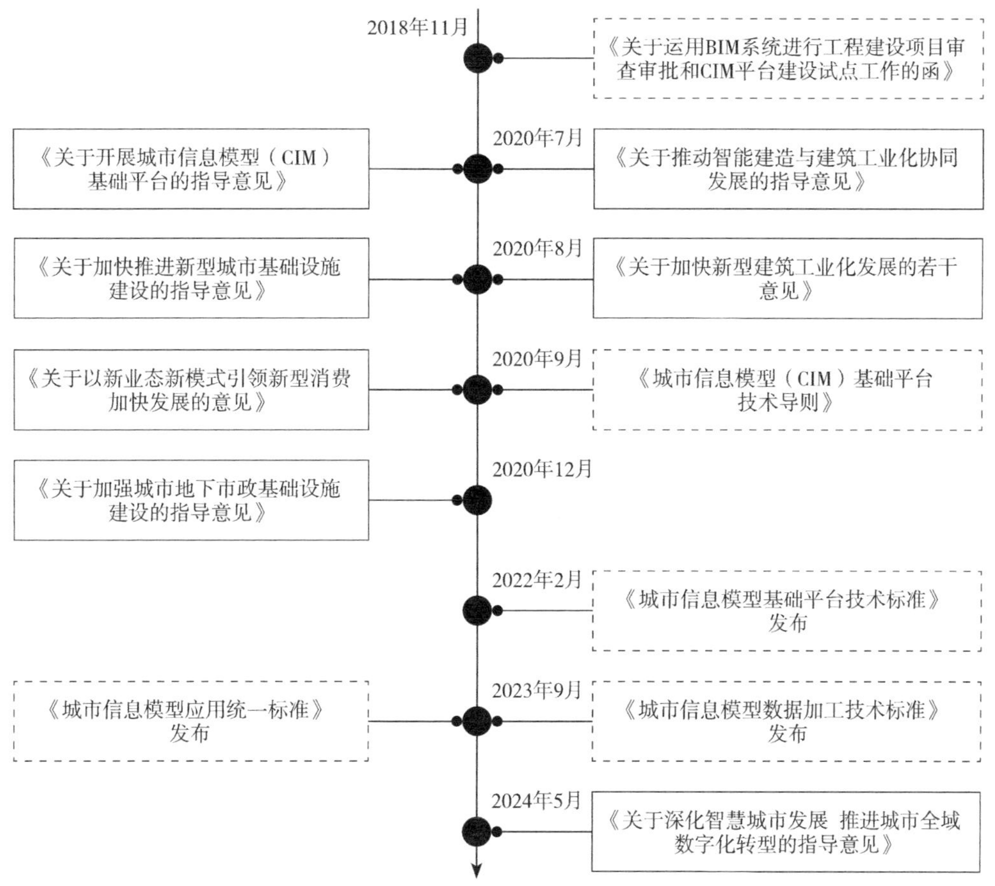

图1-9　国家部委出台的相关政策文件和标准规范

要以“新城建”对接“新基建”，加快推进基于数字化、网络化、智能化的新型城市基础设施建设，引领城市转型发展，整体提升城市的建设水平和运行效率，明确了新型城市基础设施建设主要包括城市信息模型（CIM）平台建设等七项任务。

尽管推动CIM基础平台建设已被多次写入党中央网络强国等相关行动和政策中，但我国在该领域还处于起步探索阶段，缺乏相应标准和技术要求参考，各地关于CIM基础平台的具体画像和建设路径一直处于无章可循的阶段，一段时间内盲目建设的困境凸显。2020年9月，在总结试点经验和科学研究的基础上，《城市信息模型（CIM）基础平台技术导则》（以下简称《技术导则》）编研和发布，一时间成为该领域的“破冰”行动。《技术导则》通过对国内外CIM基础平台建设背景和建设需求的深入剖析，深入总结试点的建设路径、高度凝练了CIM多源异构数据融合、多级LOD表达与轻量化、CIM引擎与高效渲染等关键技术，理顺了CIM基础平台的运行机制，研发了CIM基础平台并推广应用，高效的规范和统一各地CIM基础平台的建设要求，指导一大批城市开展CIM基础平台的建设，推动一大批地方项目的实际落地应用，有效规范了各个行业的协作，进而推动各行业的数据融合和业务协同，为新型智慧城市建设奠定基础。

2021年以来，住房和城乡建设部主导的城市信息模型系列行业标准的制订工作成果初现。系列行业标准的编制旨在规范城市信息模型（CIM）基础平台建设，推动城市建设、管理数字化转型和高质量发展，提升城市治理体系和治理能力现代化水平。其中，《城市信息模型基础平台技术标准》CJJ/T 315—2022已于2022年1月正式发布；《城市信息模型数据加工技术标准》CJJ/T 319—2023和《城市信息模型应用统一标准》CJJ/T 318—2023已于2023年9月正式发布。《城市信息模型基础平台技术标准》按照住房和城乡建设部、工业和信息化部、中央网信办《关于开展城市信息模型（CIM）平台建设的指导意见》等文件指示，首次明确了国家级、省级、市级CIM基础平台定位、平台之间衔接关系，对于指导构建三级平台体系，推动三级平台实现网络联通、数据共享、业务协同，打通行业、部门之间数据壁垒，促进城市二维、三维信息共享应用具有里程碑的作用。

在政策文件和新一代信息技术的推动下，CIM及其平台建设相关项目加速落地，市场规模也十分可观。据互联网公开信息统计（截至2021年12月），名称中明确含有“CIM”或“城市信息模型”字眼的招投标项目有150多个，总投资金额近9亿元；项目名称中不含CIM，但项目建设内容中有CIM相关内容的项目有近50个，总投资金额约14.6亿元；名称和内容中均不含CIM，但与城市信息模型CIM及CIM平台建设有一定关联的招投标项目有近30个，总投资金额约7.6亿元。三类项目金额合计超过30亿元[42]。

在技术方面，基于BIM、3D GIS、IoT、新型测绘、云计算、边缘计算、AI、VR等新一代信息技术集成应用的智慧体系也正在逐步形成，这些技术的研究和发展支撑着CIM平台的建设，进而推动智慧城市、数字中国的建设。CIM建设既是跨行业融合的智慧城市的基石和底板，也是推动城市建设高质量发展的重要抓手，更是带动我国在21世纪新型产业升级的持续引擎，将探索基于信息融合创新的新产业培育发展路径。

CIM的核心技术主要在组织存储、计算分析与可视化表达三方面，但目前CIM自身的组织存储方式仍未形成，计算分析也大多针对某一特定场景，可视化表达依赖于3D GIS技术，未能全面融合和产生质的飞跃，严重制约了CIM的发展。此外，CIM还受到关键自主软件和平台不成熟、数据治理体系不健全、信息安全技术和制度不完整、相关标准体系不完善等问题的限制。秉承“标准先行”的理念，本书通过梳理分析现行标准，理清标准间相互作用关系，形成一套较为完善的CIM标准体系，期待能为CIM发展做出一定的贡献。

第2章　标准体系理论与方法

2.1　标准和标准体系

2.1.1　标准

标准是对重复性事物和概念所做的统一规定，它以科学技术和实践经验的结合成果为基础，经有关方面协商一致，由相关机构批准，以特定形式发布作为共同遵守的准则和依据。目前，国内外相关机构对标准定义略有差异，比较通用的定义是：为了在一定范围内获得最佳秩序，以科学技术和实践经验的综合成果为基础，按照一定的程序协商一致制定并由公认机构批准，为范围内各种活动或其结果提供规则、指南或特性，供共同使用和重复使用的一种文件[42-44]。依据标准的定义，标准的使用范围可以是全球、某个区域、某个国家、某个国家的某个地区等，其具体的制定工作由对应层次的专业机构严格按照规定的流程进行。

一部正式发布并实施的标准文件需要经过起草、编制、制定、审核、发布、实施等一系列工作程序，从开展标准制定到标准实施应用这一整个过程涉及的所有活动称为标准化。每一项标准化活动都是围绕一个明确的标准化对象展开的。因此，标准是标准化活动的成果。依据标准的适用范畴，标准化可以划分为国际标准化、区域标准化、国家标准化和地方标准化，其涉及的工作内容具体包括制定标准、组织实施标准和对标准的实施进行监督检查、维护更新，由相应的标准化机构如国际标准化组织、区域标准化组织、国家标准机构等统筹组织实施。

我国标准按照发布机构的不同层级划分为国家标准、行业标准、地方标准、团体标准和企业标准[45]，是从国家、行业、地方、市场和企业几个层面对相应的适用领域和范围内各种活动或其成果进行统一规定和指导约束的文件，各层次之间有一定的依从关系和内在联系，形成一个覆盖全国又层次分明的标准体系。其中，国家标准是在全国范围内对某个领域或跨领域通用的技术要求作统一规定的文件，由国家标准化管理委员会编制计划、审批、编号和发布，其标准代号分为“GB”和“GB/T”，对应的含义分别为强制性国家标准和推荐性国家标准。行业标准是在全国某个行业范围内没有对应的国家标准，但是需要对该行业进行统一技术要求的情况下制定的文件，是对国家标准的补充，当相应的国家标准实施后，该行业标准应自行废止。行业标准由其归口部门编制计划、审批、编号、发布和管理，每个行业领域都有相应的标准代号，如测绘行业标准代号为“CH”、水利行业标准代号为“SL”、林业行业标准代号为“LY”、土地管理行业标准代号为“TD”等，行业标准也分为推荐性标准和强制性标准，推荐性行业标准在行业代号后加“/T”，如“SL/T”即为水利行业推荐性标准，不加“T”则为强制性标准。地方标准是在某个领域内没有相应的国家标准和行业标准，而又需要在省、自治区、直辖市范围内对该领域进行统一技术要求的情况下制定的文件，由地方标准化行政主管部门统一编制计划、组织制定、审批、编号和发布，其标准代号构成为“DB+地方代码前两位数字”，例如广东省地方标准代号为“DB44”，其中“44”是广东省代码。地方标准也分强制性标准与推荐性标准，区别在于标准代号后是否加“/T”。

近年来，随着社会经济的快速发展和人民幸福生活需求的日渐增长，我国的标准化工作面临的挑战也越来越大，标准化任务繁重。一方面，经济发展带动科学技术日新月异，社会上涌现出越来越多的如CIM、BIM等新行业、新技术，同时促进了许多传统行业焕发新的活力。为了迎合社会发展的需求，维持经济市场活动的秩序正常，避免传统行业标准老化滞后、新兴行业标准缺失等问题，标准机构既要加强传统行业已有标准的常态化更新优化维护以保障其满足行业发展的需要，也要持续对新兴行业和新技术建立完善的相关标准，以对其相关活动和成果进行规范指导和约束，这使得我国标准化规模不断扩大，已建和待建标准类目繁多、数量庞大，很大程度增加了标准化工作的难度。另一方面，标准作为市场的重要规则，是生产经营活动的依据，具有统一性和权威性[45]。而各个行业领域涉及知识种类范围广，专业学科跨度大，存在一定的关联性，各领域的标准化工作一定程度上会造成标准制定交叉重复矛盾等问题，不利于建立统一的市场体系。

为更好的应对标准化面临的上述挑战并解决相关问题，有必要从全局的角度，运用系统的思维对相关领域范围的各类标准的关键信息按其内在联系进行识别整合，形成具有一定逻辑关系、科学、合理、完备、复用的标准知识体系，不仅可以为标准化工作提供科学的指导方法，支撑和引领相关标准化工作的开展，加快优化完善各领域范围内相关标准的建立，还能增强标准协调配套，提升标准化管理效能，推动标准化事业与相关产业发展走向规范化和成熟化，这是标准化工作成熟发展的必然趋势。

2.1.2 标准体系

如前所述，标准化工作具有复杂性、动态性和关联性等特点，是一项极具挑战性的复杂任务。建立科学完备的标准体系对于指导一定范围内标准化工作科学有序开展、提高标准化管理和工作效率具有重要的作用。标准体系是标准化工作查漏补缺、精简去繁、聚焦方向的有力工具，标准体系的构建既是标准化的重要基础工作，也是标准化的顶层设计工作[46]。要从全局的角度，运用系统思维及方法对特定领域范围的相关活动或其结果的标准化现状成果和未来发展进行总结和规划，研究标准体系实质上是一种对标准化工作进行优化的过程。因此，研究标准体系的内容和构建方法至关重要。

本节首先介绍标准体系定义、建设内容及原则、建设工作的统筹机构。我国重视标准体系的研究，将其作为标准化管理的重要手段，并出台了指导标准体系建设工作相关的国家标准。根据标准体系构建原则和要求GB/T 13016—2018中的定义，标准体系指的是在一定范围内的标准按其内在联系形成的科学的有机整体[47]。因此，标准体系的基本组成元素是标准，并且是在一定范围具有相互联系而又相互作用、相互制约而又相互依赖等内在联系的标准，包括已有现行标准和规划需制定标准。

标准体系的建设内容应是对一定范围内具备内在联系的所有标准按照一定的原则和逻辑关系，进行科学分类整合，形成的相应成果。标准体系构建原则和要求GB/T 13016—2018明确提出标准体系的建设内容是以标准体系表的形式来表现的。这里，标准体系表不是我们通常理解的一个表格或一类表格，而是一种用于表达和描述标准体系的目标、边界、范围、环境、结构关系并反映标准化发展规划的模型，主要包括标准体系结构图、标准明细表、标准统计表和标准体系编制说明四部分内容。其中标准体系结构图用于表达标准化对象的范围、边界、内部结构以及意图，是从宏观层面上展示标准体系的组成结构，对标准体系架构进行整体介绍。标准体系的结构关系一般包括上下层之间的“层次关系”，或按一定的逻辑顺序排列起来的“序列”关系，也可以是由以上两种结构相结合的组合关系。由于标准化对象往往需要基于多维度、多方面的综合考量进行标准化限定，如鞋子的标准化活动可对其尺码规格、功能用途、合成材料、工艺技术、质量、检测方式等各个方面分别标准化，而每个维度的标准化工作又可以继续细分，例如质量可以对其耐磨性、安全性等方面进行规定，从而形成该维度的系列标准，这些多个维度的标准及其细分标准就形成了鞋子这一标准化对象的系列标准。因此，标准体系可以由多个标准子体系组成；标准明细表是对标准体系中各子体系所包含的标准相关信息以表格的形式进行详尽罗列，直观地展示每个子体系的全貌（表2–1）；标准统计表是对标准明细表中各类标准按照标准类别（包括国家标准、行业标准、地方标准等）和统计项（包括应有数、现有数、现有数/应有数等）进行统计的表（表2–2）；标准体系编制说明一般包括标准体系建设背景、建设目标、建设依据及原则、国内外相关标准化情况综述、标准体系各级子体系划分原则和依据等内容。综上，标准体系的整体建设内容如图2–1所示。

xxx标准明细表　　表2–1

序号	子体系名称	子体系编号	标准序号	标准名称	标准代号	编制状态	需求程度	备注

xxx标准统计表　　表2–2

标准类别统计项	应有数（个）	现有数（个）	现有数/应有数（%）
国家标准			
行业标准			
团体标准			
地方标准			

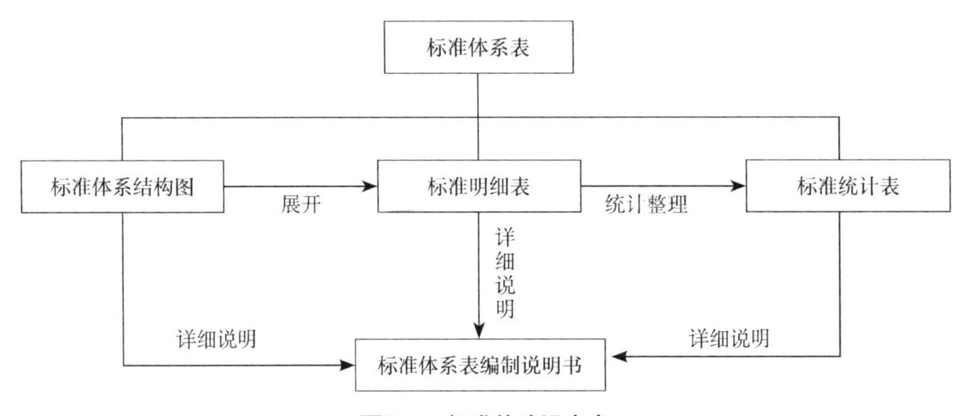

图2–1　标准体建设内容

为了保障建立的标准体系符合实际需求，在构建标准体系的工作中，应执行“目标明确、全面成套、层次适当、划分清楚”四个基本原则（图2–2）。

目标明确	标准体系是为业务目标服务的，构建标准体系应首先明确标准化目标
全面成套	应围绕着标准体系的目标展开，体现在体系的整体性，即体系的子体系及子子体系的全面完整和标准明细表所列标准的全面完整
层次适当	标准体系表应有恰当的层次： a）标准明细表中的每一项标准在标准体系结构图中应有相应的层次； 注1：从一定范围的若干同类标准中，提取通用技术要求形成共性标准，并置于上层； 注2：基础标准宜置于较高层次，即扩大其适用范围以利于一定范围内的统一。 b）从个性标准出发，提取共性技术要求作为上一层的共性标准； c）为便于理解、减少复杂性，标准体系的层次不宜太多； d）同一标准不应同时列入两个或两个以上子体系中。 注3：根据标准的适用范围，恰当的将标准安排在不同的层次。一般应尽量扩大标准的适用范围，或尽量安排在高层次上，即应在大范围内协调统一的标准不应在数个小范围内各自制定，以达到体系组成尽量合理简化
划分清楚	标准体系表内的子体系或类别的划分以及各子体系的范围和边界的确定，主要应按行业、专业或门类等标准化活动性质的同一性，而不宜按行政机构的管辖范围而划分

图2–2 构建标准体系的基本原则（引自文献［47］）

标准体系作为指导标准化工作的有力工具，其制定工作与标准化工作一样，都是由相应的国际标准组织、区域标准组织、国家标准机构等进行统筹引领。目前，国际上发展成熟并具有权威性的标准化机构有ISO（International Organization for Standardization，国标准化组织）、IEC（International Electrotechnical Commission，国际电工委员会）和ITU–T（Telecommunication Standardization Sector of the International Telecommunications Union，国际电信联盟电信标准局）等，这些标准化机构在相关领域制定了对应的标准体系，体现了标准体系的研究建设对推进标准化工作高效开展具有重要作用。如ISO主导制定了智慧城市标准体系以及BIM（建筑信息模型）的系列标准体系，为全球智慧城市建设领域和BIM领域标准化工作提供了指导方向，带动了世界各国在对应领域的标准化建设工作。同时，在标准化工作的引领下，各地智慧城市和BIM的建设工作如火如荼。CIM作为与智慧城市、BIM、测绘地理信息等领域密不可分的新兴产业，其相关技术理论的发展还处于起步探索阶段，现阶段各类标准建设存在明显的缺位现象，导致CIM应用建设没有标准可依据，亟需建立起产业特有的标准体系，推动其标准化工作的进程，以完善相关的标准建设工作，推进CIM规范化、成熟化发展和带动区域内经济活动提质增效。

2.2 标准体系构建理论

标准体系在标准化活动中的作用是从全局的角度，对一定范围内各类活动或其输出的标准化工作现状成果进行系统整合和对未来发展趋势进行规划展望，进而指导当前及未来一段时间内的标准化工作，以获取最佳的秩序和效益。在明确了标准体系的建设内容后，我们的首要任务是掌握构建分类科学、层次清晰、结构合理的标准体系研究方法。通常科学方法的提出都是建立在相应理论基础之上的，标准体系的构建方法亦如此，只有在成熟、科学的理论指导下才能快速通过实践工作探索总结出具体的建设方法。标准体系构建理论有顶层设计理论和标准化系统工程理论。

2.2.1 顶层设计理论

顶层设计（top-down design）这一概念由Niklaus Wirth于20世纪70年代提出，最初是一种大型程序的软件工程设计方法，主要采用“自顶向下逐步求精、分而治之”的理论原则进行设计，其后逐步成为工程学领域一种有效的复杂应用系统综合设计方法[48]。目前，顶层设计这一概念已逐步扩展应用到社会科学、自然科学等各个领域。2000年前后，顶层设计的概念被应用到我国电子政务网络建设中，以解决电子政务网络建设中各自为政、重复投资和信息孤岛等问题。2010年《国民经济和社会发展第十二个五年规划纲要》中提出“重视改革顶层设计和总体规划”，是我国国家层面政策文件中首次出现“顶层设计”概念。此后，顶层设计这一系统工程领域的理念和方法开始广泛应用于电子政务、智慧城市、“互联网+”、大数据等领域的相关复杂系统建设工作。

顶层设计在工程学领域本义是统筹考虑项目各层次和各要素，追根溯源、统揽全局，在最高层次上寻求问题的解决之道。换言之，顶层设计强调复杂系统工程的整体，是一项工程“整体理念”的具体化，注重规划设计与实际需求的紧密结合，从全局视角出发，自上而下逐层分解、分别细化，对项目的各方面、各层次和各要素统筹规划，以集中有效资源，在系统总体框架的约束下实现总体目标。根据顶层设计的概念定义，可以总结出顶层设计具有三大显著特征：一是顶层决定性，顶层设计是自高端向低端展开的设计方法，核心理念与目标都源自顶层，因此顶层决定底层，高端决定低端；二是整体关联性，顶层设计强调设计对象内部要素之间围绕核心理念和顶层目标所形成的关联、匹配与有机衔接；三是实际可操作性，设计的基本要求是表述简洁明确，设计成果具备实践可行性，因此顶层设计成果应是可实施、可操作的。

体系又名系统，标准体系即为标准系统。标准体系是一个集成整合了一定范围内存在内在联系的各阶段相关标准的有机系统，标准体系的建立是一项复杂的系统工作，因此势必需要应用顶层设计理论，从全局视角出发，综合考虑识别不同标准之间的关联关系，围绕着标准化目标，将不同标准按一定的分类原则进行统一整合，统筹标准资源，充分发挥标准间的协调配套作用，基于总体提出全面的标准体系框架设计，构建出科学完善的标准体系。

2.2.2　标准化系统工程理论

依据标准体系的定义，标准体系是科学、明确地表达标准化对象相关的多个标准之间内在联系的有机整体，具有整体性。因此，在研究某一标准化对象的标准体系时，应该把标准化对象关联的所有相关标准看作一个整体系统，基于整体去开展研究、分析、探索工作，这便是系统的思维理论，也叫系统论。

系统思维是开展标准体系构建工作的基础理论，系统论通过运用系统思维研究和了解这个系统的结构、特点、动态、规律以及与其他系统间的联系，继而可以利用这些特点和规律去调整该系统结构、协调各要素关系，使系统达到优化的目标。因此，构建任意一个标准化对象的标准体系，首先需要具备系统思维，以剖析该标准化对象关联系统的结构和特点等所有信息。只有在充分掌握目标对象的详细信息后，才能控制标准体系工作向预期的目标方向发展。

在明确了标准体系的研究对象、目的，运用系统思维对研究对象所属系统的各种内部、外部信息进行全面分析后，为了保证所构建的标准体系能达到最佳的预期成果，需要制定一套完整严密的科学管理方法去贯彻实施，来推动标准体系的构建工作，这就需要运用系统工程的理论和方法。

系统工程论是为了保障研究系统取得最佳的预期成果，运用运筹学的理论和方法以及电子计算机等技术，对构成系统的各组成部分进行分析、预测、评价，最后综合各部分从而使该系统达到最优的一种方法论。我国著名科学家钱学森提出了一个便于理解的系统工程的理论概念：系统工程是组织管理一个复杂系统的规划、研究、设计、制造、试验和使用的科学方法，是一种对所有系统都具有普遍意义的科学方法[49]。钱学森1979年首次提出“标准化是一门系统工程”。标准体系作为一个由错综复杂的多个子系统组成的系统，其构建过程需要应用系统工程的理论和科学方法，从整体全面出发，考虑所有的可变因素，使标准体系的设计方案、编制工作和应用价值达到最优化。

将系统工程的理论和方法应用到标准化领域，形成的理论叫做标准化系统工程理论，这是构建标准体系的基础理论，可以有效解决复杂系统的标准化问题。标准化系统工程理论是标准化科学发展到新阶段的产物，它运用系统工程的思想、观点和标准化的原理、方法，对特定领域范围内活动或其成果的全部标准化活动进行规划、设计、组织、实施、管理并建立标准体系，可以保证标准化对象获得最佳的社会效果和经济效益。因此，为了建立科学完善的标准体系，组织管理好标准化工作，有必要运用标准化系统工程的理论思维，开展标准体系建设工作。

2.3 标准体系编制方法

随着标准体系对行业或产业发展及标准化工作的重要性愈发显著，近年来，煤层气[50]、知识产权[51]、木质家具产业[52]、中医临床护理[53]、大数据[54]、自然灾害遥感应用[55]等行业或产业的从业者或研究学者都意识到所在领域标准化工作的重要性，研究并制定了相应的标准体系。通过对比分析各领域的标准体系建设思路及方法，结合标准体系建设成果的要求——构建出能明确表达和描述标准化目标、边界、范围、环境、结构关系并反映标准化发展规划的标准体系，本书将标准体系的构建方法归纳为以下三种。

2.3.1 综合分析法

综合分析法是一种被普遍应用于构建标准体系的方法，具体包括以下几个步骤（图2-3）：

（1）确定研究目标，对标准体系目标进行分析，明确标准体系构建的目标和标准化的对象；

（2）对研究目标对象的标准化现状进行调查分析，对社会主体、产业的标准化

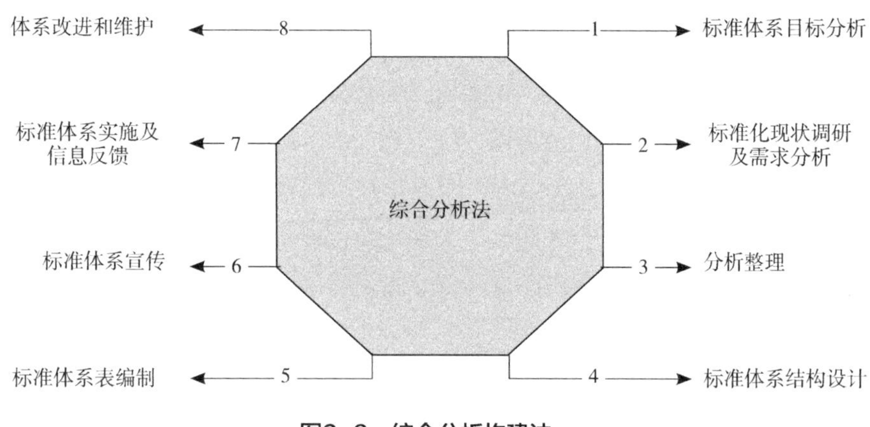

图2-3 综合分析构建法

需求进行调研；

（3）根据调查研究结果，围绕标准化对象的标准体系建设目标，从标准化对象涉及的业务、不同主体需求、产业需求等角度进行标准需求分析和整理；

（4）根据需求分析结果，对标准体系的结构进行设计，确定标准体系结构图；

（5）编制标准体系表，包含标准明细表、标准统计表的设计（可以参照表2-1和表2-2），并按标准体系结构图，搜集和整理目标对象的现行标准化成果，对标准明细表进行填充，完成标准统计表；

（6）标准体系的宣传；

（7）标准体系实施跟踪，包括标准体系的实施率、实施效果等信息；

（8）体系改进和维护，根据实施效果、产业或技术发展新需求对标准体系进行完善。

2.3.2 MOF方法

完整的标准体系是以一种标准体系模型——标准体系表来表达的，包含标准体系结构图、标准明细表、标准统计表和标准体系编制说明几部分内容。因此，标准体系的构建实际上是一种模型的构建，需要运用科学、有效的体系建模方法对各个标准之间的逻辑关系、层次结构进行合理的分类与组织，以构建出系统协调、层次清晰的标准体系结构。

OMG（Object Management Group，对象管理组织）提出的MOF（Meta Object Facility，元对象机制）是一种可有效用于组织具有开放性、扩展性和互操作性的体系建模方法。MOF建模的核心内容是提供一种可扩展的元数据管理方式，通过递归将语义应用到不同层次，从而完成语义的定义。MOF元数据结构是一种典型的四层建模结构，分别为M0、M1、M2、M3，如图2-4所示。

从MOF建模方式和建模结构中各层次之间的内在联系特征来看，其逻辑关系包括两种：①中上层模型对下层模型是定义与约束的关系；②下层模型对上层模型是继承和包含的子集关系。通过分析对比，MOF建模方法的思维模式与标准体系的“层次适当、划分清楚”原则不谋而合，M0至M3的分层描述正好对应标准体系“层次适当”原则中从个性标准提取一般技术要求作为上一层共性标准的要求，标准体系的中上层标准统一下层标准的定义、语义基础和表达等内容，下层标准需在中上层标准的定义及规范下才能发挥完整的效力。因此，在构建标准体系总体框架时，可参考MOF建模法，借鉴其思维模式对目标对象的标准化成果进行分类与整合。

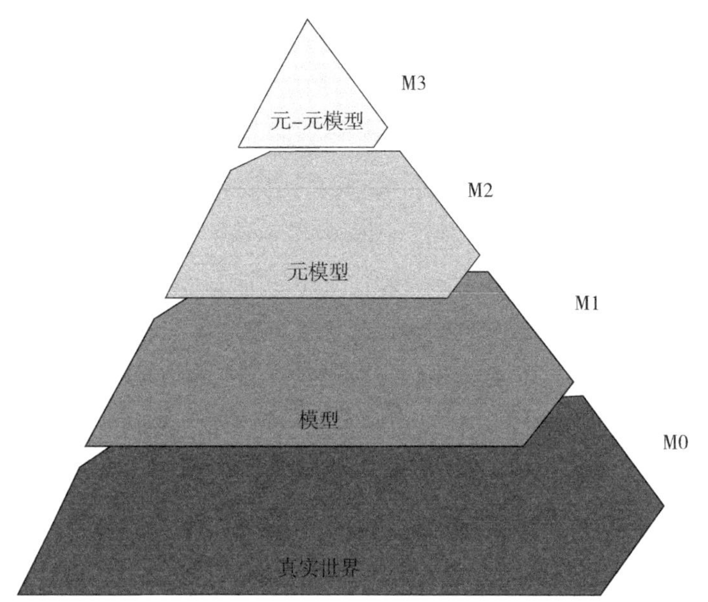

M3为元-元模型层，定义元模型M2的构造集合，包含类、属性、关联等；M2为元模型层，MOF生成的实例，定义了模型的语言；M1为模型层，M2层的实例，定义了某一信息域的语言，表现为可操作的具体的类；M0为对象/数据层，M1层的实例，定义了特定信息域的值

图2-4 MOF建模结构

2.3.3 UML建模法

UML（Unified Modeling Language，统一建模语言）是一种通用的图形化建模语言，源于软件工程领域，其表达易于理解；功能强大且适用范围广。ISO/TC 211（国际标准化组织地理信息技术委员会）借鉴软件工程的理念和方法，将UML确定为其标准的概念模式语言，规划和构建了国际地理信息标准参考模型及相关系列标准，并取得了显著的成果。

UML作为一种表达概念模式的语言，通过使用聚合、依赖、泛化、组合和关联关系等语言符号对具有相同属性、操作、方法、关系、行为和约束条件的一系列对象按照其内在关系进行描述。换而言之，UML建模语言可以用于分类和整合具有某些相同属性特征但又有所区别的对象，以实现清晰、明确地表达描述对象之间的关系。

因此，在标准体系编制过程中可以应用UML建模方法，利用其“包和类”的概念界定标准体系的内容和范围，将标准体系总体框架按照一定属性特征和需求分层分类，厘清体系框架的逻辑结构和层次分级；再利用UML建模语言中的“依赖”“组合”等语言符号描述不同层次标准之间和同一层次不同大类标准之间的关系，以此强化体系构建的科学性，避免出现标准重复、交叉、相互矛盾等问题[56]。将UML建模法运用于标准化工作中，有助于构建出能明确表达和描述标准目标、边界、范围、结构关系并反映标准化发展规划的标准体系，可以更好地引导使用对象理解和使用标准体系及相关标准。

2.4　CIM标准体系研究过程

2.4.1　标准化方针目标

确定标准化的方针目标。具体包括了解CIM标准化支撑的业务战略；明确CIM标准体系建设的愿景和目标；确定实现CIM标准化目标的实施策略、指导思想和基本原则；确定CIM标准体系的范围和边界。

2.4.2　调查研究

开展标准体系调查研究。包括国内外CIM及相关领域标准体系的建设情况；梳理现有标准化成果，包括已制定的标准和已开展的相关标准化研究项目和工作项目，重点关注与CIM密切相关的测绘地理信息、城市规划建设、建筑工程、国土资源、信息技术等领域的相关国家标准、行业标准；了解标准化工作存在的问题及标准体系建设需求。

2.4.3　分析整理

根据CIM标准体系建设方针、目标及具体标准化需求，借鉴国内外现有标准体系结构框架，从标准化对象不同角度对标准化现状成果及发展趋势进行分析，运用MOF建模法及UML建模语言等科学方法厘清标准体系的结构关系。

2.4.4　编制标准体系表

在完成上述工作内容的基础上编制标准体系表，包括CIM标准体系结构图、标准明细表、标准统计表和标准体系表编制说明四部分。

2.4.5　动态维护更新

CIM标准体系是一个动态的系统，故使用过程中应随业务需要和技术发展变化进行维护和更新，不断优化完善。

第3章　CIM标准体系

3.1　国内外相关标准体系

3.1.1　智慧城市标准体系

ISO（International Organization for Standardization，国际标准化组织）、IEC（International Electrotechnical Commission，国际电工委员会）和ITU-T（ITU-T for ITU Telecommunication Standardization Sector，国际电信联盟电信标准分局）等国际标准化机构引领着全球智慧城市标准体系的发展方向，积极推动智慧城市标准化工作，出台了一系列智慧城市相关的管理体系要求、指南和相关标准。ISO智慧城市标准主要从智慧城市概念模型、信息技术、城市和社区可持续发展、智慧社区基础设施几方面开展（图3-1）。2013年，ITU-T批准成立面向智慧城市可持续发展问题评估的专题小组，用以评估智慧城市标准化工作。同年6月，IEC SMB（IEC Standardization Management Board，IEC标准化管理局）经会议讨论批准设立智慧城市系统评价小组，其工作内容主要集中于智慧城市标准化的战略定位、体系框架和参考模型等。

不同国家的标准化组织也在积极推进智慧城市标准体系的建设。BSI（British Standards Institution，英国标准协会）于2012年提出智慧城市标准化战略，已发行《智慧城市 术语》（PAS 180:2014 Smart cities. Vocabulary）、《智慧城市框架 智慧城市与社区战略制定指南》（PAS 181:2014 Smart city framework. Guide to establishing strategies for smart cities and communities）等标准化文件。BSI自2013年启动智慧城市与社区的相关标准编制工作，经过多年标准编制、应用和实施工作，建立了一整套基于标准的智慧城市与社区实施管理的方法体系，该套标准经ISO的认可，已成为国际通行的智慧城市标准体系（图3-2）。该套标准体系为城市管理者从智慧城市的战略规划、管理体系建立实施到技术细则落实等一系列工作提供了可参考借鉴的标准框架体系和最佳实践理论，涵盖战略规划、实施管理及技术服务三个层次，辅以智慧城市及城市生活服务指标体系，为城市管理者提供完整的智慧城市规划、实施、运营、评估的最佳实践准则。Smart City Council（澳洲和新西兰智慧城市委员会）将智慧城市标准大体分为三种：策略层面智慧城市标准、过程层面智慧城市标准、科技层面智慧城市标准。

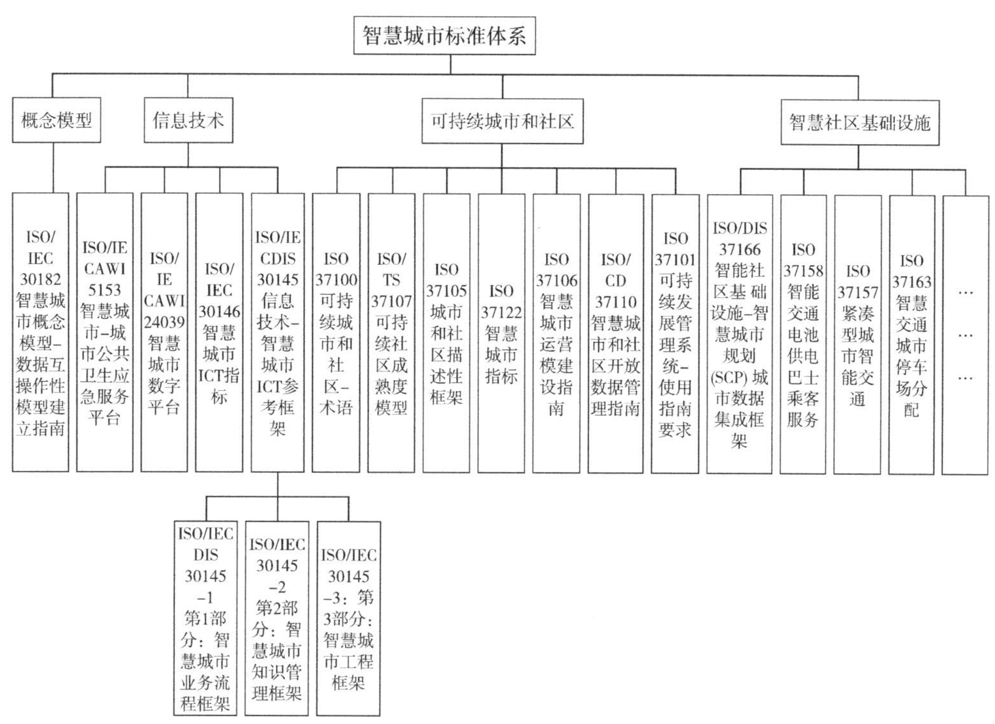

图3–1　ISO智慧城市标准体系

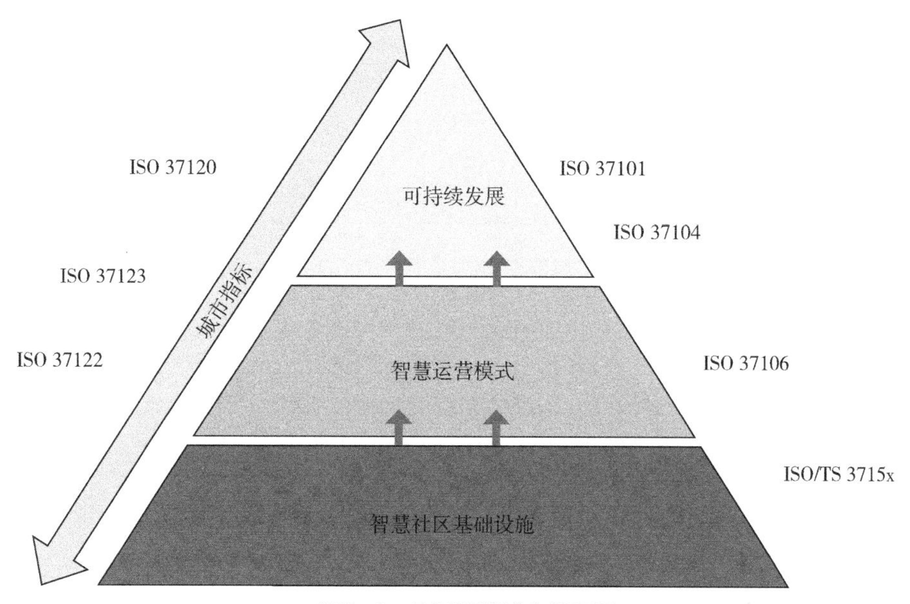

图3–2　BSI智慧城市框架图

我国标准化相关机构紧跟时代发展需要，正在积极开展智慧城市标准体系研究和关键标准的研制。2012年12月12日，智慧城市应用工作组成立，旨在广泛整合汇聚我国“政产学研用”资源，大力推进我国智慧城市标准体系研究、关键标准研制和国际标准化工作。2013年，全国信息技术标准化技术委员会SOA分技术委员会发布了《我国智慧城市标准体系研究报告》[57]，定义智慧城市标准体系（图3–3）由5个类别组成：智慧城市总体标准、智慧城市技术支撑与软件标准、智慧城市运营及管理标准、智慧城市安全标准、智慧城市应用标准，共116项标准，其中已发布31项，制定中33项，待制定52项，标准建设成熟度仅为27%。该标准体系中，智慧城市总体标准包含术语、基础参考模型、评价指标体系等基础性标准和规范；智慧城市技术支撑及软件标准包含智慧城市建设中所需的关键技术规范和软件产品规范；智慧城市运营及管理标准包含智慧城市项目建设过程中的监理验收、评估方法以及相关运行保障的标准和规范；智慧城市安全标准包含智慧城市项目建设中的信息数据安全、城市安全保护控制等标准及规范；智慧城市应用标准包含智慧城市典型行业或领域的技术参考模型、标准应用指南等标准及规范，此类标准是基于前四类智慧城市通用标准、结合行业或领域的特性进行扩展细化。

2013年11月，SAC/TC 426（Standardization Administration of China/Technical Committee 426，全国智能建筑及居住区数字化标准化技术委员会）也发行了《中国智慧城市标准体系研究》[58]，其标准体系框架（图3–4）包含智慧城市建设设计的5大类别标准：基础设施、建设与宜居、管理与服务、产业与经济、安全与运维，分4个层次表示，涵盖16个技术领域，包含101个分支的专业标准，整体涉及国家、行业及地方标准共3255个。

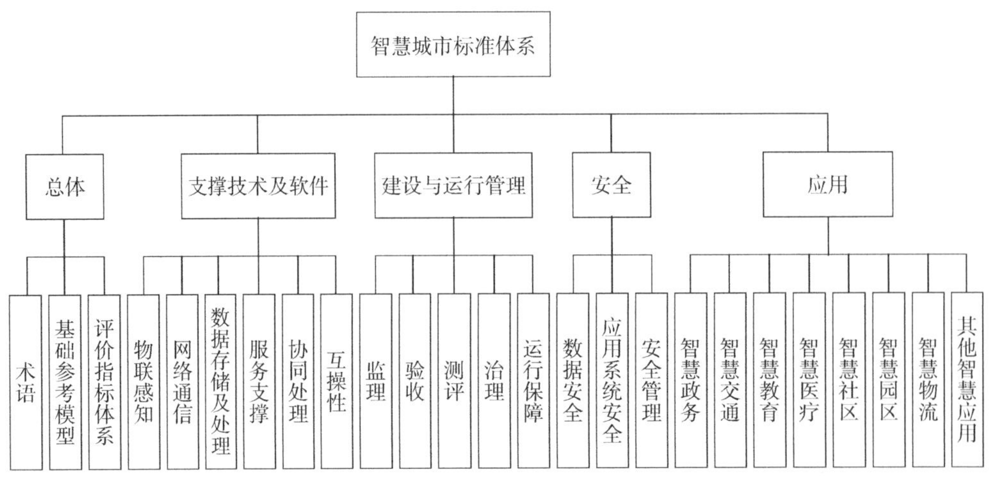

图3–3 智慧城市标准体系（SOA）（引自文献［57］）

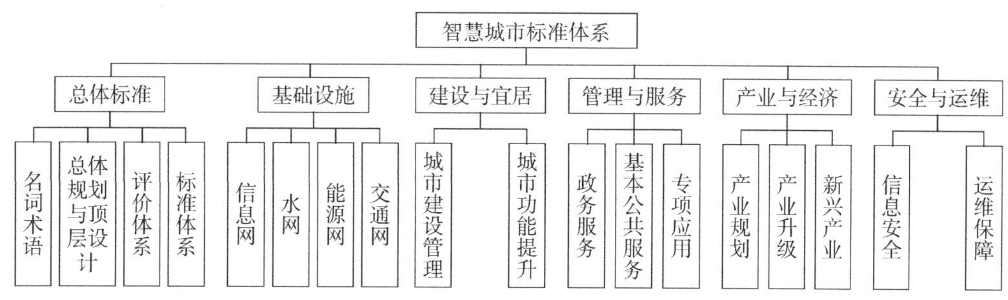

图3-4　智慧城市标准体系（SAC/TC　426）（引自文献［58］）

2014年，我国国家智慧城市标准化总体组成立，围绕智慧城市技术创新、标准建设、产品应用等方向开展了一系列重要研究活动。2022年发布的《智慧城市标准化白皮书》[59]更新了智慧城市标准体系总体框架，由总体、技术与平台、基础设施、数据、管理与服务、建设与运营、安全与保障7部分组成（图3-5）。此后，我国智慧城市标准化建设蓬勃发展，各部门、地区、单位以及企业编制发布了一系列智慧城市相关的标准体系及标准。

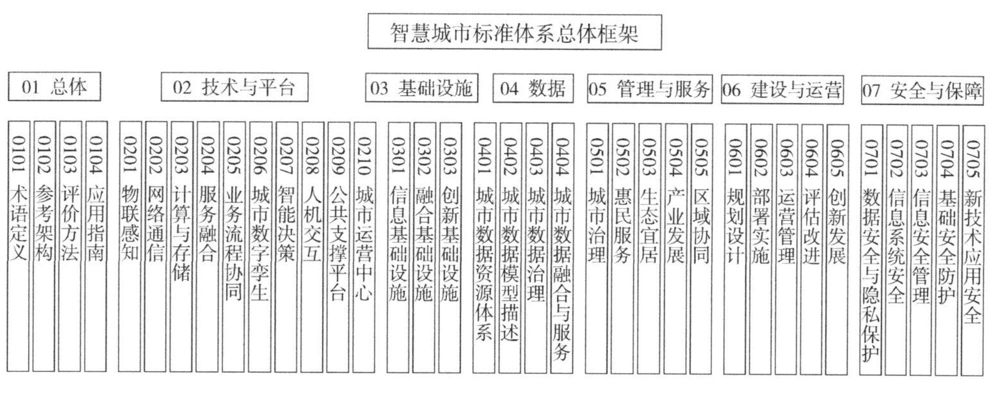

图3-5　智慧城市标准体系总体框架

此外，我国各省市也在积极开展智慧城市标准体系的研究。福建省参考《关于开展智慧城市标准体系和评价指标体系建设及应用实施的指导意见》，通过对智慧城市建设情况的分析和调研，结合福建省智慧城市的发展特点，总结福建省智慧城市标准体系框架包括总体基础、基础设施、建设与宜居、服务与应用、产业与经济、生态与宜居、安全与保障7部分，如图3-6所示[59]。陕西省参考《中国智慧城市标准体系研究》，结合陕西省信息化领导小组编制的《"数字陕西·智慧城市"发展纲要（2013—2017）》，将智慧城市标准体系分为总体类、感知层、网络层、平台层和应用层5个方面[60]，如图3-7所示。

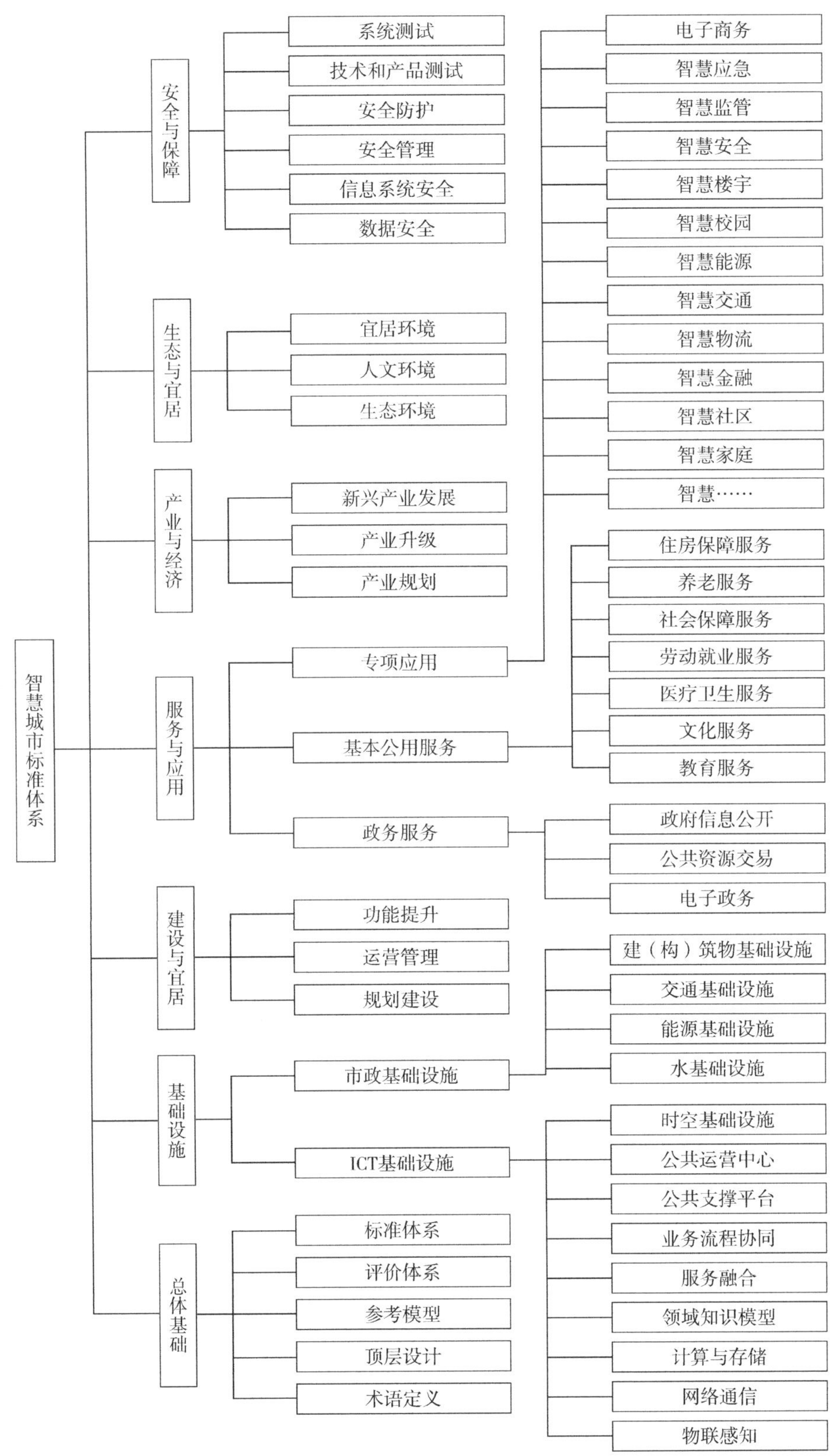

图3-6　福建省智慧城市标准体系（引自文献［59］）

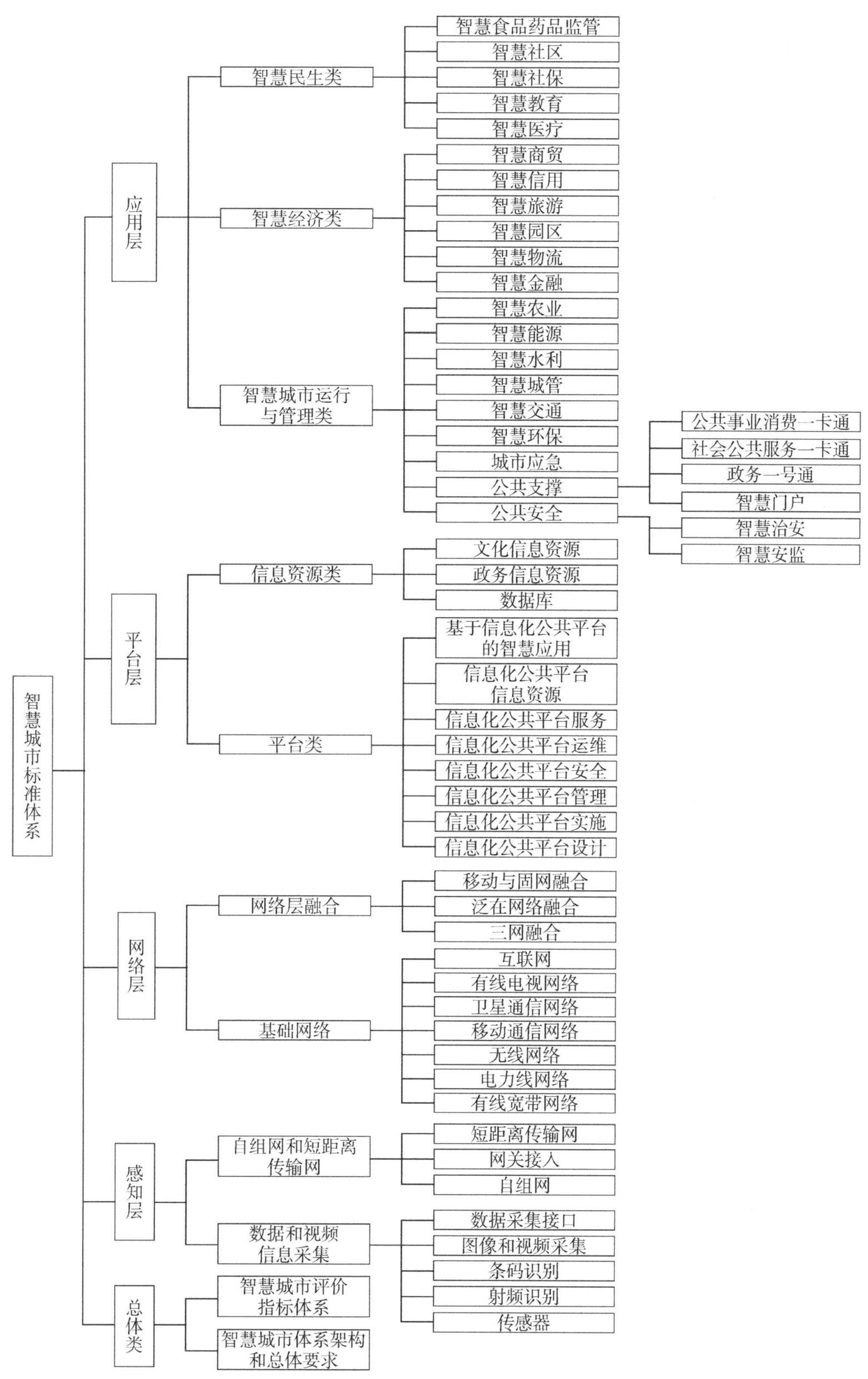

图3-7 陕西省智慧城市标准体系（引自文献［60］）

3.1.2 建筑信息模型标准体系

BIM（Building Information Modeling，建筑信息模型）使建筑专业人员能够更高效地规划、设计和管理建筑项目。BIM标准的编制及标准体系的构建，使该行业能够跨越项目和国界进行合作，为建筑全生命周期的信息资源共享和业务协作提供了有力保障。

目前，BIM技术在应用开发过程中的标准体系主要由ISO 16739 IFC（Industry Foundation Classes）工业基础类–存储标准、ISO 29481 IDM（Information Delivery Manual）信息交付导则–交付标准和ISO 12006 IFD（International Framework for Dictionaries）国际字典框架–分类和编码标准组成，如图3–8所示[61]。

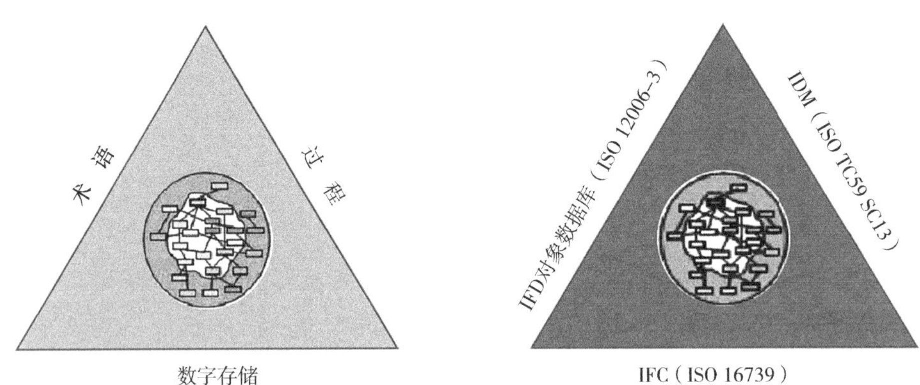

图3–8 BIM技术在应用开发过程中的标准体系（引自文献[61]）

IFC标准由IAI（Industry Alliance for Interoperability，国际协同工作联盟，现已更名为bSI，buildingSMART International）提出，目的是允许所有参与者无论使用哪种软件或应用程序，都可在工程项目全生命周期中共享信息。1997年1月，IAI组织发布了IFC信息模型的第一个完整版本。IFC采用EXPRESS语言作为数据描述语言，数据文件格式的默认扩展名为STEP和XML。IFC是目前国际通用的BIM数据标准，涵盖了建筑领域从设计、施工到后期维护几乎所有需要的属性，为BIM信息通用提供了基础。IFC标准的技术架构由四个概念层次组成（图3–9），层次相互间有严格调用关系，只能由上层引用下层的概念，每个概念层次定义一系列模型模块。第一概念层次——资源层，提供资源类型，可被高层次类型调用；第二概念层次——核心层，提供建筑工程核心数据模型，包括一个内核模块和几个核心扩展模块；第三概念层次——协同层，提供一系列模块，定义了跨多个专业领域或AEC工业领域的共同概念或对象；第四概念层次——领域层，是IFC信息模型的最高层次，为特定AEC工业领域或应用类型定制一系列模块[62]。在实际应用过程中，由于建筑工程的复杂性，基于IFC的信息分享工具需要安全可靠地交互数据信息，而IFC标准并未定义不同的项目阶段、项目角色和软件之间特定的信息需求，兼容IFC的软件解决方案的执行缺乏特定的信息需求定义，软件系统无法保证交互数据的完整性与协调性，IDM（信息交付手册）标准应运而生。IDM标准针对全生命周期某一特定阶段的信息需求标准化，并将需求提供给软件商，与公开的数据标准（IFC）映射，最终形成解决方案，该标准的制定，将使IFC标准真正得到落实，并使得交互性真正实现并创造价值。

IDM的组成部件包括流程图、交换需求、功能部件、商业规则等四部分，每个组成部件作为架构中的一层，如图3-10所示。

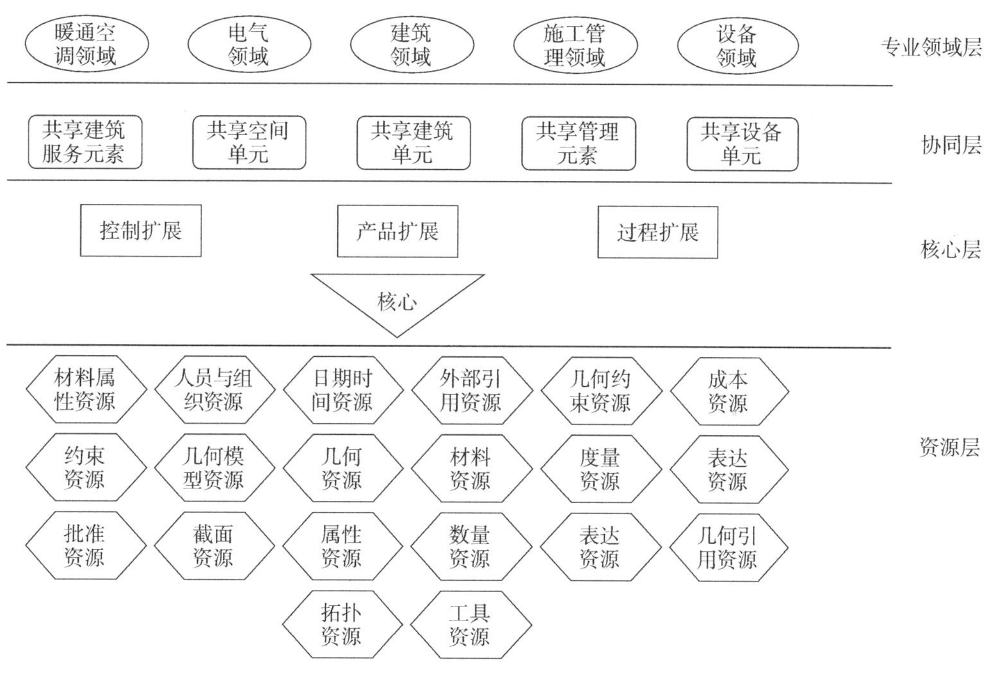

图3-9 IFC信息模型体系结构图（引自文献［62］）

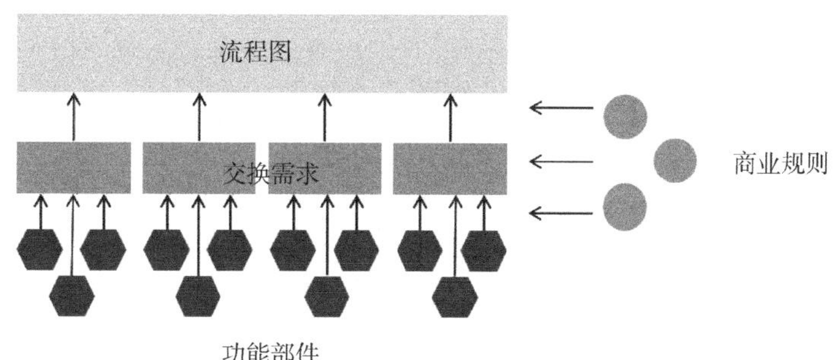

图3-10 IDM组成图

IFD采用了概念和名称（或描述）分开的做法，引入类似人类身份证号码的GUID（Global Unique Identifier，全球唯一标识）来给每个概念定义一个全球唯一的标识码，不同国家、地区、语言的名称和描述与这个GUID进行对应，保证通过信息交换得到的信息和所需信息一致，以此支持BIM信息准确的交换与共享。

此外，为满足BIM对信息管理的需求，使BIM能够跨越项目和区域蓬勃发展，ISO制定了ISO 19650建筑信息模型（BIM）-使用建筑信息模型的信息管理系列标准，ISO 19650是在英国标准BS 1192和公开提供的规范PAS 1192-2的基础上制定的，该规范已被证明可帮助用户节省高达22%的施工成本。ISO 19650系列标准第1部分概念和原则，提供了一个框架来管理信息，包括：信息交换、信息记录、信息版本和活动人员的组织规划。第2部分资产交付阶段，定义了信息管理的要求，通过管理流程的形式，规范建筑信息模型使用中关于资产交付阶段和信息交换的内容。该系列的标准还包括第3部分资产运维阶段、第4部分信息交换和第5部分考虑安全的信息管理，如图3-11所示。

图3-11 ISO 19650系列标准

除国际通用的BIM标准体系之外，不同国家也在积极进行本国BIM标准体系的研究。英国建筑业BIM标准委员会自2009年起，陆续发布了英国建筑业BIM标准、适用于Revit的BIM标准和适用于Bentley的BIM标准，英国标准更侧重于设计环境下的信息交互应用，主要是针对典型的建模软件对BIM中常见的概念和进行了规定和扩展，从软件人员操作层面给出规定和指导，比如文档的统一命名、模型的拆分及编码、模型的构建深度等。英国的BIM标准发展是根据BIM模型应用成熟度来逐步推进的，英国标准协会（British standards institution，BSI）工程设计、模拟与数据交互技术委员会（technical committee，B /555-construction design，modelling and data exchange）制定了BIM标准路线图[63]，如图3-12所示。将BIM的成熟度分为0级到3级共四个等级，针对不同的发展等级，英国标准委员会制定了一系列的标准[64]。在整个标准体系中，BS1192:2007+A2:2016中提出的建设CDE（Common Data Environment，通用数据环境）贯穿了整个BIM技术的发展，是英国发展BIM技术的基础之一。CDE是用于收集、管理和传递文档信息的数据中心，包括图形文件和非图形文件，创建数据中心有助于项目团队成员之间的协作，并有助于避免信息的重复和错误。实际操作过程中，对于小型项目，CDE可以是服务器上的一个共享文件夹，也可以是一个免费的基于Web的文件共享应用程序；面对大项目，整个CDE环境的建设也可能是从最初级的分类文件共享开始。随着BIM技术的发展，到Level2阶段后，BIM应用对模型的交互有一定的要求，CDE建设更多使用通用的数据格式，包括IFC和COBie等。

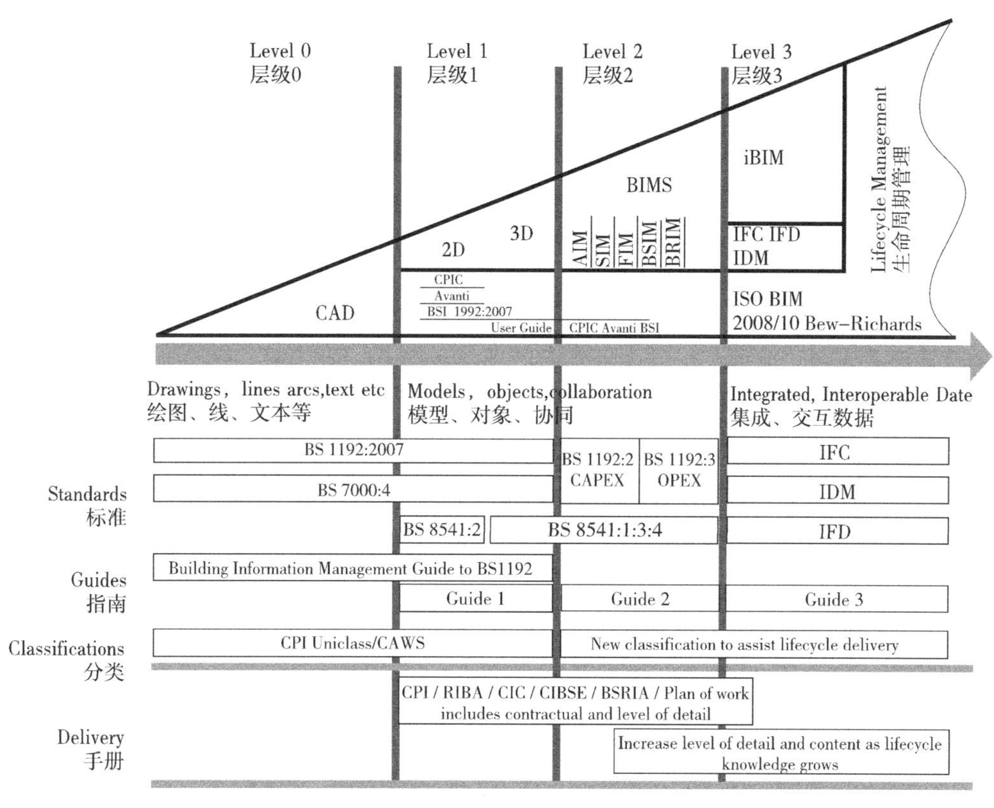

图3-12 英国BIM Levels of Maturity

美国国家建筑科学研究院于2004年开始进行BIM技术研究，于2007年、2012年和2015年更新三版NBIMS标准，提出了BIM标准从制定到实施的应用路线和方案，形成了目前世界上相对完整的标准体系，对BIM技术在建筑项目全生命周期的信息交换和应用提出指导意见。NBIMS为实现信息化促进商业进程的目的，规定了基于IFC数据格式的建筑信息模型在不同行业之间信息交互的要求。NBIMS标准体系框架可分为两层，如图3-13所示，一是技术标准层，二是标准实施层。其中技术标准层又可分为标准引用层和数据交换层；标准引用层主要是国际上广泛应用的标准，包含IFC标准、XML标准、IFD标准、Omni Class分类体系、LOD标准、CAD标准和BCF协同格式标准；数据交换层主要是通过IDM标准和MVD标准进行描述，其中包含的数据交换标准有设计施工建筑信息交换标准、空间规划验证信息交换标准、建筑耗能分析信息交换标准、建筑成本估算信息交换标准、建筑规划信息交换标准、电气设备信息交换标准、HVAC信息交换标准和给水排水系统信息交换标准。标准实施层主要是对实际应用过程进行业务指导，主要包括能力成熟度模型（CMM）、BIM实施规划指南、BIM实施计划、MEP协同工作指南和业主BIM规划指南。

新加坡BIM标准体系由目标、组织、应用和审查四个部分组成（图3-14），主要分为四个层面：①BIM Roadmap制定发展方向和阶段目标，是新加坡行业标准与行政指令制定的依据，如2010年第一版提出新加坡BIM应用存在的四项挑战和五项对策，以及根据路线图制定的相应标准；②BIM Guide为行业应用标准，通过列出各种可能的交付成果、执行流程、参与人员的角色与责任，指导项目实施BIM技术；③BIM Essential Guide为各专业应用BIM技术标准，详列各应用点具体的实施方案；④BIM e-submission Guide为成果审查标准，确保各阶段成果符合标准。

我国BIM标准研究起步较晚，2012年正式启动标准编制。在此之前，2007年，中国建筑标准设计研究院发布了《建筑对象数字化定义》JG/T 198—2007，非等效采用了国际上的IFC标准（《工业基础类平台规范》），规定了建筑对象数字化定义的一般要求、资源层、核心层及交互层。2008年，由中国建筑科学研究院和中国

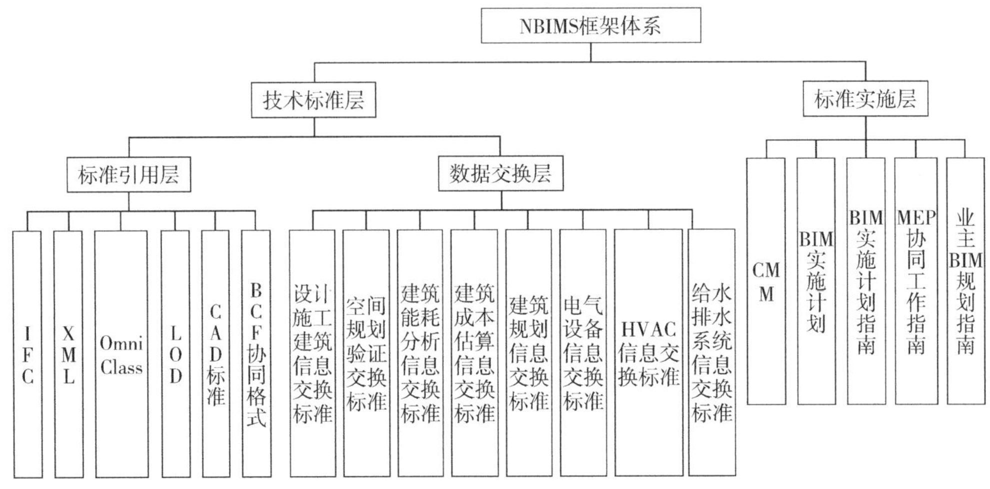

图3-13　NBIMS标准体系架构

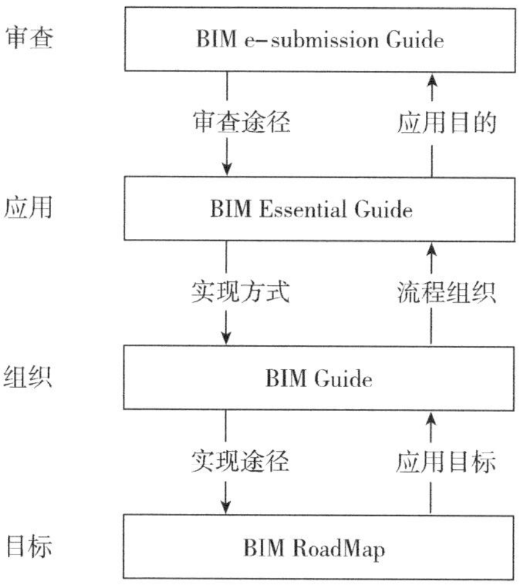

图3-14 新加坡BIM标准体系框架

标准化研究院等单位共同起草了工业基础类平台规范（国家指导性技术文件），等同采用IFC，在技术内容上与其完全保持一致。2010年，清华大学软件学院BIM课题组在已有工作基础上，参考NBIMS结合调研提出了中国建筑信息模型标准框架（Chinese Building Information Modeling Standard，CBIMS），如图3-15所示，其中技术标准分为数据交换、信息分类和流程规则，同国际BIM三大标准接轨[65]。

2012年1月，住房和城乡建设部《关于印发2012年工程建设标准规范制订修订计划的通知》（建标〔2012〕5号）中将《建筑工程信息模型应用统一标准》（已更名为《建筑信息模型应用统一标准》GB/T 51212—2016）、《建筑工程信息模型存储标准》（已更名为《建筑信息模型存储标准》GB/T 51447—2021）、《建筑工程设

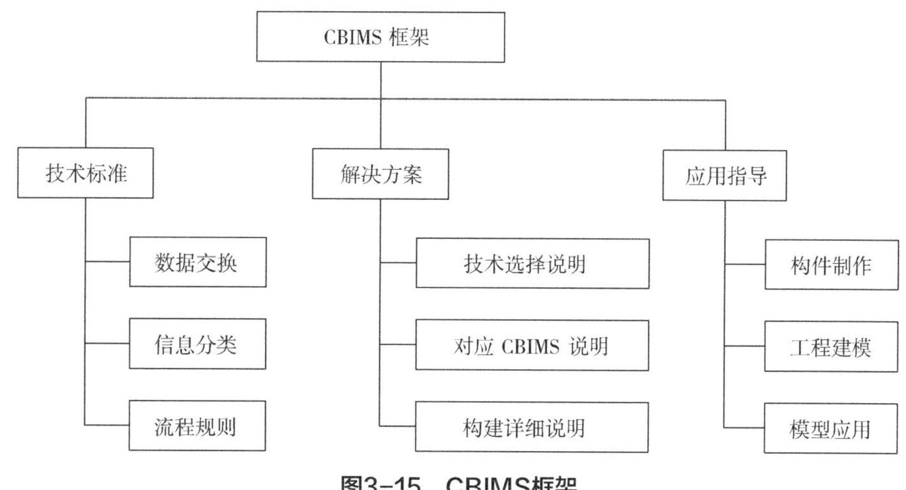

图3-15 CBIMS框架

计信息模型分类和编码标准》（已更名为《建筑信息模型分类和编码标准》GB/T 51269—2017）、《建筑工程设计信息模型交付标准》（已更名为《建筑信息模型设计交付标准》GB/T 51301—2018）及《制造工业工程设计信息模型应用标准》GB/T 51362—2019五本BIM标准列为国家标准制定项目。2013年1月《关于印发2013年工程建设标准规范制订修订计划的通知》（建标〔2013〕6号）新增《建筑工程施工信息模型应用标准》（已更名为《建筑信息模型施工应用标准》GB/T 51235—2017）。参考各国BIM标准体系，将我国BIM标准体系划分为基础标准和执行标准两类，如图3–16所示。

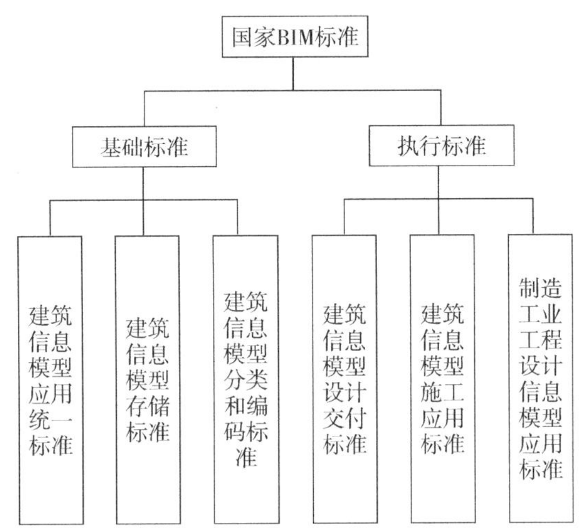

图3–16　国家BIM标准体系

3.1.3　测绘地理信息标准体系

为适应信息化和网络化环境下地理信息技术和产业发展的需要，促进地理信息资源的建设、协调、交流与集成，提高地理信息对经济社会发展的保障能力和服务水平，国内外对测绘地理信息标准体系的研究不断深入。建立测绘地理信息技术标准体系，就是按照标准之间的关系进行筛选、分组和排列，按照一定的秩序和内部联系形成引领产业健康发展的统一、协调、科学、完整的技术标准的有机整体。国际测绘地理信息标准一般为推荐性标准，主要有两类：一类是信息（或内容）标准，一类是技术（或接口API）标准。信息标准规定定位所需的数字编码，对地球表面的自然要素、人工要素以及行政区划、选取区、天气系统、人口分布和种族划分等内在信息、隐含信息及瞬态信息进行描述；技术标准则规定了不同系统和服务如何借助标准接口实现协同工作[66]。

国际上负责制定测绘地理信息标准的组织有国际标准化组织地理信息技术委员会（ISO/TC 211）、开放式测绘地理信息联盟（Open Geospatial Consortium，OGC）和美国联邦地理数据委员会（Federal Geographic Data Committee，FGDC）等。ISO/TC 211设立于1994年11月，多年来围绕地理信息标准化成立了10余个专项工作组，发布了近百个标准项目。该组织提倡用现有的数字信息技术标准与地理相关方面的应用进行集成，建立结构化的参考模型，对地理数据集和地理信息服务从底层内容上实现标准化。ISO/TC 211编制发布的ISO 19100地理信息系列标准（图3-17）主要规范了地理信息数据的获取、处理、表达、分析、访问、管理，以及不同用户、系统和位置之间的信息传输方法，是国际通用的地理信息标准。OGC从事地理信息标准化领域，其成员来自于多个国家和地区的政府部门、国际组织、研究机构、大学以及企业，以“促进国际地理空间互操作标准的发展”为使命，是一个服务于全球空间数据产品和服务的合作开发者和用户的论坛，为地理信息数据集、地理信息服务的建设做出了巨大贡献。FGDC由美国农业部、商业部、交通部、能源部以及档案局等多个部门协同设立，该组织的主要任务为研究制定地理空间数据标准，促使数据生产者与用户之间实现数据共享，支撑美国空间数据基础设施建设。其编制了多套空间地理信息标准体系，发布了一系列地理信息数据标准、处理标准以及组织和管理标准[67]。

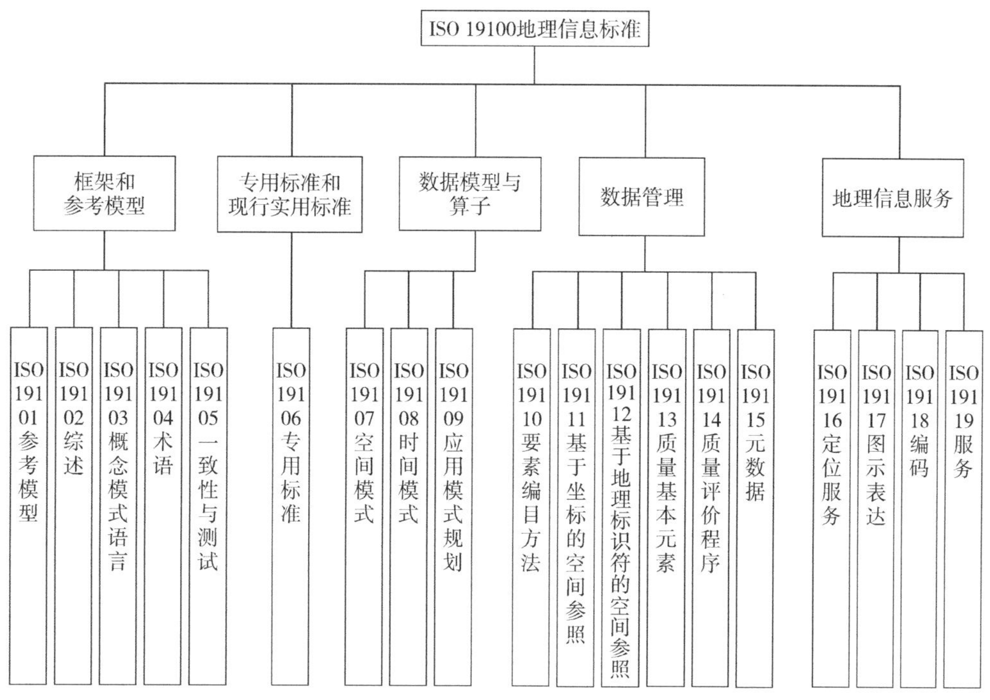

图3-17　ISO 19100地理信息标准（引自文献[67]）

我国测绘地理信息标准化工作由全国地理信息标准化技术委员会（SAC/TC 230）牵头主导，于2007年印发《国家地理信息标准体系框架》[68]，于2009年正式发布《国家地理标准体系》[69]。该标准体系定义了地理信息数据模型和结构，规范了地理信息数据的获取、处理、存储、分析、访问以及表达，描述了以数字或电子形式在不同用户、不同系统和不同空间位置之间实现数据交流的方法、过程和服务，极大地推动了我国地理信息标准化工作的进展。同年，原国家测绘局也编制发布了《测绘标准体系》，随即在2017年国家文件《测绘地理信息标准化“十三五”规划》印发后对其进行了二次更新，即《测绘标准体系》（2017修订版）[70]，以应对测绘事业转型、升级和发展对标准化的需求。该体系以“创新、协调、绿色、开放、共享”五大发展理念为指导，针对直接或间接与地球上位置相关的目标或现象，制定了一套分层、结构化的系列标准，从信息化测绘技术、事业转型升级和服务保障需求出发，以测绘标准化对象为主体进行分类和架构，覆盖整个测绘信息化领域。

2022年5月，自然资源部发布《自然资源标准体系》[71]，测绘地理信息标准在其中处于第二层（图3–18），代号CH2–00。从测绘地理信息及自然资源卫星应用技术发展、事业转型升级和服务保障需求出发，兼顾现行测绘地理信息国家标准和行业标准情况，划分为测绘地理信息通用、测绘地理信息获取与处理、测绘地理信息成果与应用服务、测绘地理信息管理、自然资源卫星应用5个门类。

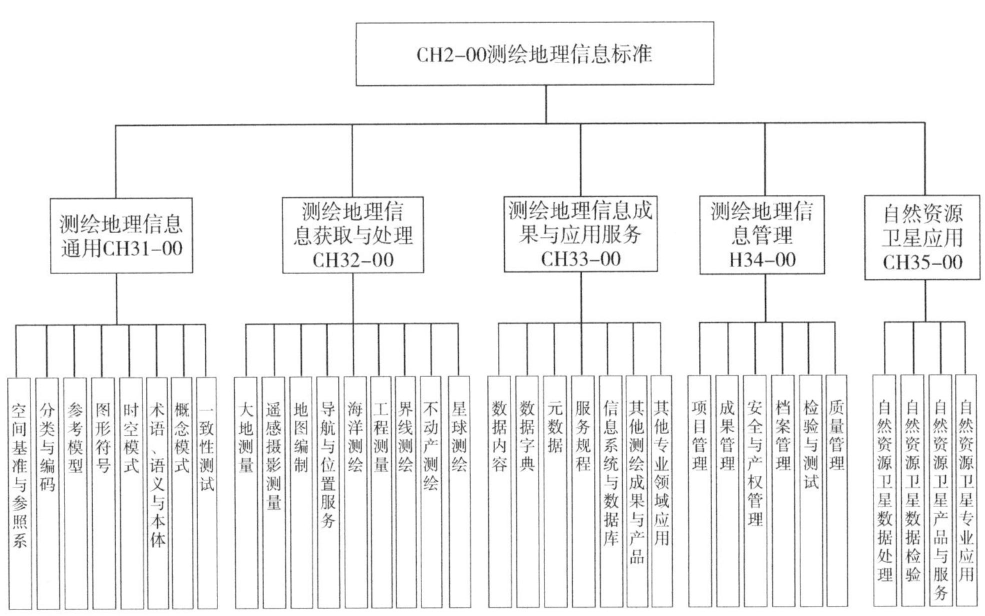

图3–18　国家测绘地理信息标准体系（引自文献［71］）

近年来，专家学者及各地部门从“标准体系”的多个角度进行深入探索，对测绘地理信息领域及其他相关领域的标准体系构建进行了研究，主要涉及标准一致性、参考模型研究、标准信息化、标准体系表编制等方面。另外，我国广东、浙江、江苏等地相关部门对测绘地理信息标准体系也开展了研究工作，并取得了一定成果。《南京市测绘地理信息标准体系》是在国家发布的《测绘标准体系》和《国家地理信息标准体系》以及南京市政府发布的《南京市“十三五”基础测绘规划》的基础上，结合“国”字号重点测绘工作及南京市地方需求编制完成。该标准体系是全国首个层次清晰、结构合理的市级测绘地理信息标准体系，具体如图3-19所示。其将城市范围内的所有测绘地理信息标准按内在联系特征组合成一个有机整体，确立了测绘地理信息标准化的边界和内容，描述了测绘地理信息标准的分类与构成，反映了标准之间相互作用机理，有助于强化测绘地理信息统筹管理职能，促进产业蓬勃发展[72]。

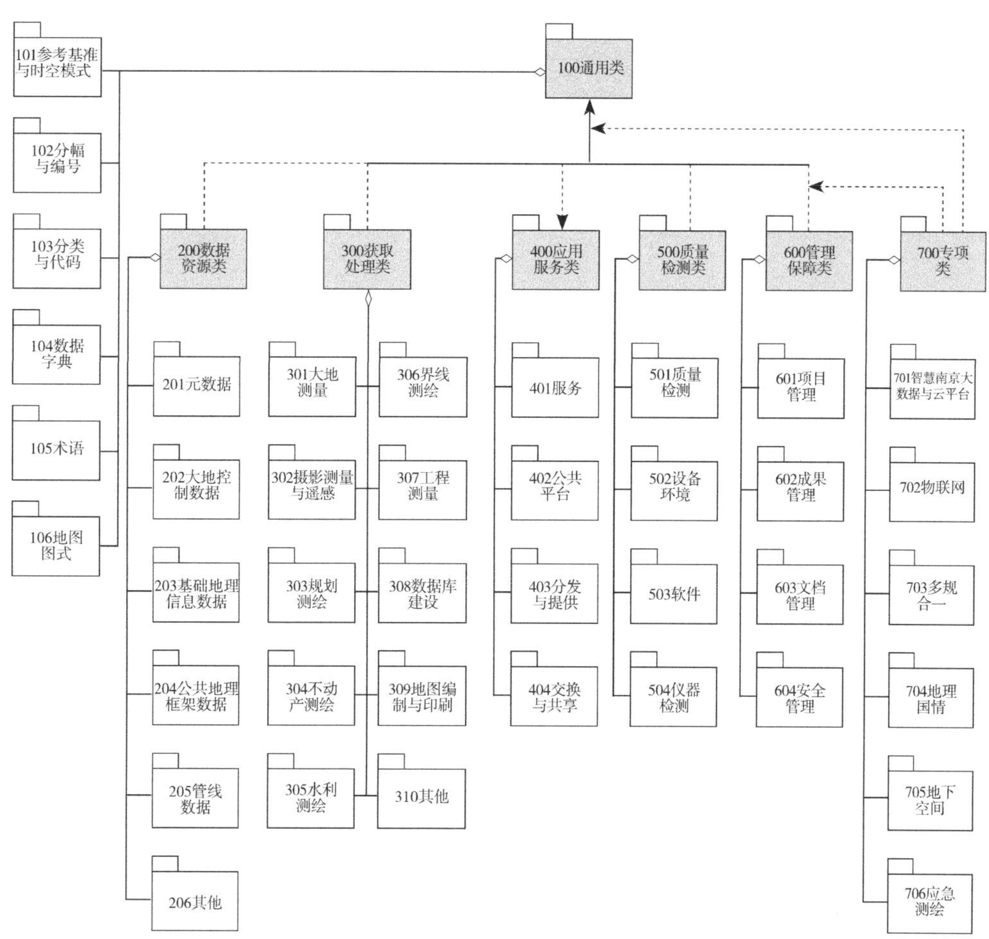

图3-19　南京市测绘地理信息标准体系框架（引自文献[74]）

“吉林省测绘地理信息标准体系”在原国家测绘局编制的《测绘标准体系》的基础上，结合吉林省地方特点，删除了涉及海洋部分的标准等条款，增加了朝鲜语、满族语译音规则等条款。并在《测绘标准体系框架》基础上增加了“应用服务类”，主要面向地理国情、智慧城市和行业服务方面，适当增加了相关内容，以适应吉林省行业发展的需要。同时，针对移动测量、三维建模、导航定位、地下空间测量与信息系统建设、机载激光雷达和日照测量等方面提出了一批待制定的标准。吉林省测绘地理信息标准体系框架如图3-20所示，共列入6大类40小类标准，每一个小类中包含若干国家标准、行业标准和地方标准，总计共777项标准，其中，国家、地方已发布364项，国家制定中96项，国家修订中6项，国家待制定154项，省待制定157项[66]。

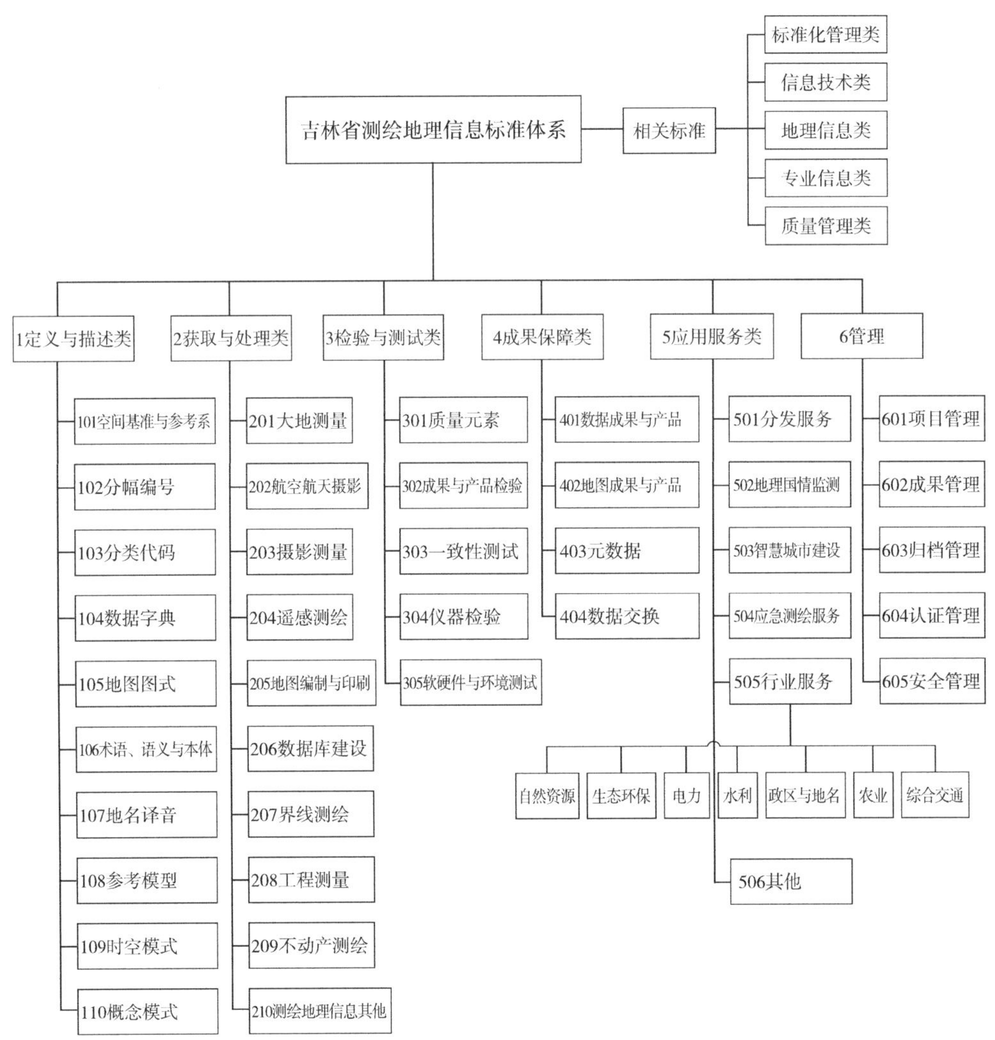

图3-20　吉林省测绘地理信息标准体系框架（引自文献［66］）

国内外测绘地理信息标准体系对CIM标准体系组织地理空间信息数据的方式方法具有启发性，一系列涉及空间基准、土地、水利、林业以及交通等相关的专项标准对于CIM标准体系涉及的数据资源类标准具有参考意义，但并不能满足所有需求，因此依旧需要针对CIM标准体系开展研究工作。

3.2 CIM标准体系研究目标

CIM与智慧城市、建筑信息模型及测绘地理信息有着高度相关性，但不同的标准体系侧重点不同，必然存在差异，如表3-1所示。通过分析对比，CIM标准体系的研究目标是以CIM为核心，依据建设智慧城市基础性平台工作对标准化的需求，梳理、分析现行国家标准、行业标准和地方标准，明确CIM相关标准组成及结构，厘清标准间相互作用关系，编制形成一套较为完整的用以保障CIM建设内容的标准体系，体系内各标准按照内在联系形成有机整体，减少重复建设及资源浪费，提高投入产出效益，提高跨领域合作水平，加快智慧城市建设进程，推进城市精细化管理，促进我国产业转型升级、经济提质增效及社会治理创新。

标准体系对比分析表 表3-1

标准体系	智慧城市标准体系	建筑信息模型标准体系	测绘地理信息标准体系
目标	针对我国智慧城市发展和目前存在的问题，进行统一规范，避免信息孤岛和条块分割的低水平重复建设，促进技术、业务和监管的融合协同，为服务支持提供保障	使建筑专业人员能够更高效地规划、设计和管理建筑项目，促进建筑行业跨越项目和区域进行合作，为建筑全生命周期的信息资源共享和业务协作提供有力保证	明确当前测绘领域国家、行业标准的内容构成，为信息化测绘生产、管理与服务提供全面的标准支撑，满足测绘作为基础性、公益性事业对标准化的需要
适用范围	聚焦我国智慧城市的概念和发展现状，通过研究智慧城市标准化工作现状，结合智慧城市建设实际需求，提出智慧城市标准体系框架，为推动我国智慧城市国家标准体系等工作提供基础和建议	为BIM应用的各种活动或其结果提供规则、指南或规范，解决BIM技术研究与应用问题的同时，让BIM相关的产品或服务能加速产业化，体现BIM标准牵引产业的作用	作为测绘标准化建设的重要依据和支撑，适用于强化测绘标准计划与管理，统筹和指导测绘标准制修订工作，进一步提高测绘标准的系统性、协调性和适用性
主要内容	主要包含智慧城市总体标准、技术支撑与软件标准、运营及管理标准、安全标准、应用标准等	主要包含计算机存储标准、交付标准、分类和编码标准、应用标准、信息管理标准等	主要包括共定义与描述、获取与处理、成果、应用服务、检验与测试和管理标准等

续表

标准体系	智慧城市标准体系	建筑信息模型标准体系	测绘地理信息标准体系
特征	以云计算基础设施及服务为技术支撑，高度重视基础数据平台建设和共享，从政务、产业、民生、金融等角度构建城市相关业务应用系统，服务于广大民众、政府部门和企业，全面提高城市规划、建设、运营、管理、交通、卫生、环保、供水、应急和社会治安管理的信息化水平，实现智慧城市有序、有质、有量的发展	以信息分类、编码和数据交换标准为基础，指导BIM软件产品研发，结合通用标准给出的BIM应用一般性规则和方法，通过专用标准直接面向工程技术人员，指导具体的过程应用。充分考虑行业现状和需求，分阶段、分层次引导BIM应用，规范BIM行为，促进BIM产业发展，进而加快我国建筑工程技术的更新换代，提升管理水平	从信息化测绘技术、事业转型升级和服务保障需求出发，兼顾现行测绘国家标准和行业标准情况，以测绘标准化对象为主体，按信息、技术和工程等多个视角对测绘标准进行分类和架构，标准体系具备动态性和可扩充性，将随着测绘技术的发展和标准化需求的变化不断进行调整、补充和完善
与CIM标准体系的差异	CIM技术要素比传统智慧城市更复杂，不仅覆盖新型测绘、地理信息、语义建模、模拟仿真、智能控制、深度学习、协同计算、虚拟现实等技术门类，而且对物联网、人工智能、边缘计算等技术赋予新的要求，多技术集成创新需求更加旺盛，因此需要更细致的标准体系来组织数据、业务逻辑等内容，CIM标准体系可以参考智慧城市标准体系，但仅可作为大纲性指导	CIM的概念比BIM更大，涉及范围更广，从建筑扩展到城区、整个城市，甚至一个地区，其建模对象的描述能力是城市级的，需容纳覆盖空间和时间维度，具有多时态、多类型、多粒度级别、多来源的信息，并通过信息的组织、模拟、分析和表达，将城市中所有的建筑、部件、事件、数据整合起来，促使城市从单体建筑走向全系统运行管理	CIM标准体系与测绘地理信息标准体系在标准化对象及所关注的核心上有着本质的差异。传统测绘地理信息标准体系的标准化对象是二维的地理空间信息数据及其应用，而CIM面向的是三维数据以及这些数据在三维城市空间的互动；测绘地理信息标准体系关注的核心在于地理信息数据本身，而CIM标准体系则站在顶层设计的高度，从业务出发，强调数据的应用场景，如城市设计、工程项目建设、城市运行与维护等
与CIM标准体系的差异	需要更细致的标准体系来组织数据、业务逻辑等内容，CIM标准体系可以参考智慧城市标准体系，但仅可作为大纲性指导	建筑、部件、事件、数据整合起来，促使城市从单体建筑走向全系统运行管理。BIM标准体系仅关注建筑信息，CIM标准体系则需关注更多更复杂的城市信息	测绘地理信息标准体系关注的核心在于地理信息数据本身，而CIM标准体系则站在顶层设计的高度，从业务出发，强调数据的应用场景，如城市设计、工程项目建设、城市运行与维护等

3.3　CIM标准体系框架与内容

3.3.1　CIM标准体系框架

利用MOF建模技术，参考《地理信息 参考模型 第一部分：基础》ISO 19101-1：2014、《信息技术 智慧城市ICT参考框架 第3部分：智慧城市工程框架》ISO/IEC 30145-3:2020，本书从顶层设计的角度出发，梳理标准体系涉及CIM的概念及其相关关系，兼顾CIM标准化现状及相关领域发展对CIM的需求，充分考虑标准间的内在联系特征，将标准体系分为基础层、通用层和专用层3个层次，具体如图3-21所示。

（1）基础层

基础层是整套标准体系的基础，统一标准的定义、语义基础和表达等内容，是整套标准体系的底板支撑。该层标准以相互理解为编制目的，包括更通用、适用范围更广的基础标准，如框架、术语以及分类代码等。

（2）通用层

通用层是整套标准体系的中间层，依赖于基础层，同时为专用层提供相应支撑，是针对CIM数据和平台的通用描述或共性引用，包含数据资源、获取处理、基础平台、管理等内容，旨在规范CIM技术服务于智慧城市建设过程中产生的各种项目行为。

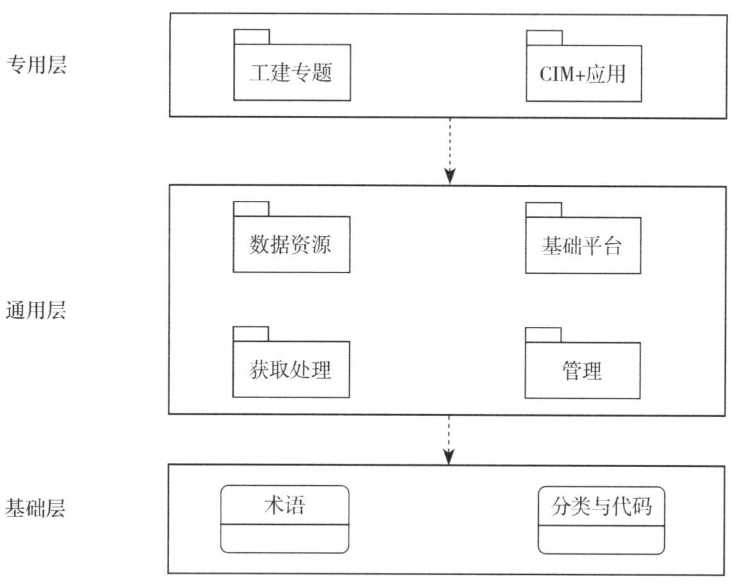

图3-21　CIM标准体系框架

（3）专用层

专用层是整套标准体系当中最为关键的层次，直接与CIM试点项目产生的社会和经济效益挂钩，决定CIM的实践价值。根据CIM项目实际，专用层包含两大重点政务应用实践，即工建改革和基于CIM技术产生的与智慧城市相关的专项业务服务（规划、自然资源、住房、建设、交通、水务、医疗卫生、应急指挥和城市管理等），规范CIM平台相关功能的开发及应用，促进工建项目审查审批提质增效，为智慧城市建设提供核心技术支撑。

3.3.2 CIM标准体系

本书借鉴智慧城市标准体系利用UML进行描述的思路，调整CIM标准体系框架的逻辑结构和分级，纳入CIM特色需求，梳理标准体系相关的国家、行业以及地方标准，以实际需求为准，整理待制定的标准。体系框架具体分类如图3-22所示，该体系框架分为基础类、通用类和专用类三大类，分别对应基础层、通用层和专用层。其中，基础类（图3-23）为基础性、公共性描述，适用范围广，确保共用部分的一致理解，是标准体系中的基础标准集合。通用类（图3-24）是针对数据资源、获取处理、基础平台、管理等的通用描述或共性引用，可具象为数据构成、数据字典、元数据、分级与表达等类，旨在规范CIM技术服务于智慧城市建设过程中产生的各种项目行为；通用类下设的“数据资源类”（图3-25）和“获取处理类”（图3-26）涵盖基础地理空间信息、城市规划与设计和城市运行维护等相关数据的采集和内容表达、数据治理和建库方式，是标准体系的核心标准，可约束生产成果；“基础平台类”（图3-27）规范CIM基础平台建设、服务、运维及数据交换与共享等内容，并对CIM基础平台的推广应用提出建议方案；“管理类”（图3-28）以成果管理、网络与设备管理、安全管理等为研究对象，是为确保CIM相关管理工作顺利实施而制定的标准。专业类主要从CIM项目实际出发，包含两大重点政务应用实践：“工建专题类”（图3-29）基于工程建设项目审批提质增效，规范工程建设项目各阶段电子数据的交付要求、审查范围和审查流程；“CIM+应用类（图3-30）”下设分类涵盖规划、自然资源、住房、建设、交通、水务、医疗卫生、应急指挥以及城市管理等行业，为保障基于CIM基础平台设计、开发各行业应用而制定相关标准。

通过UML可以界定CIM标准体系的层次结构，厘清每一类以及标准间的相互关系。其中，通用类依赖于基础类，专业类不仅依赖于基础类，而且依赖于通用类，需要数据资源、获取处理、基础平台等类型的标准提供数据、平台功能以及成果管理等内容的支撑。

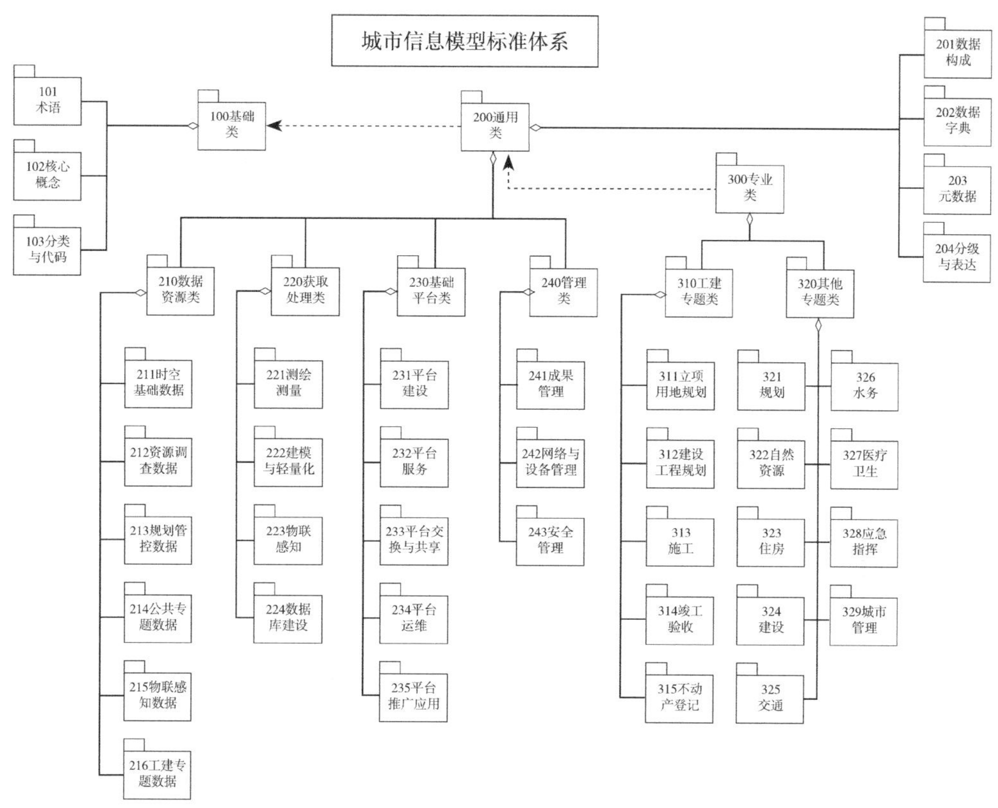

图3-22　CIM标准体系框架UML图

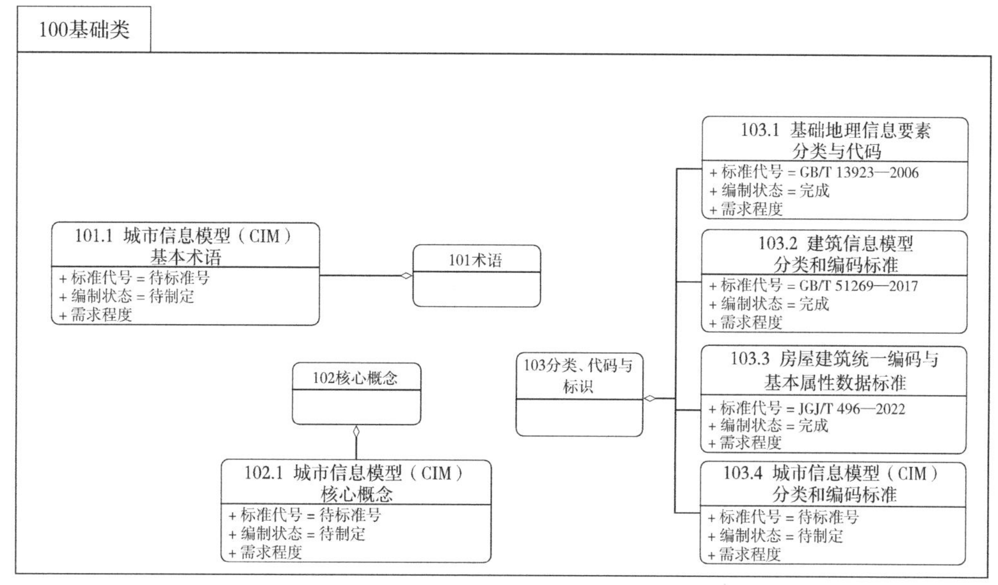

图3-23　CIM标准体系基础类UML图

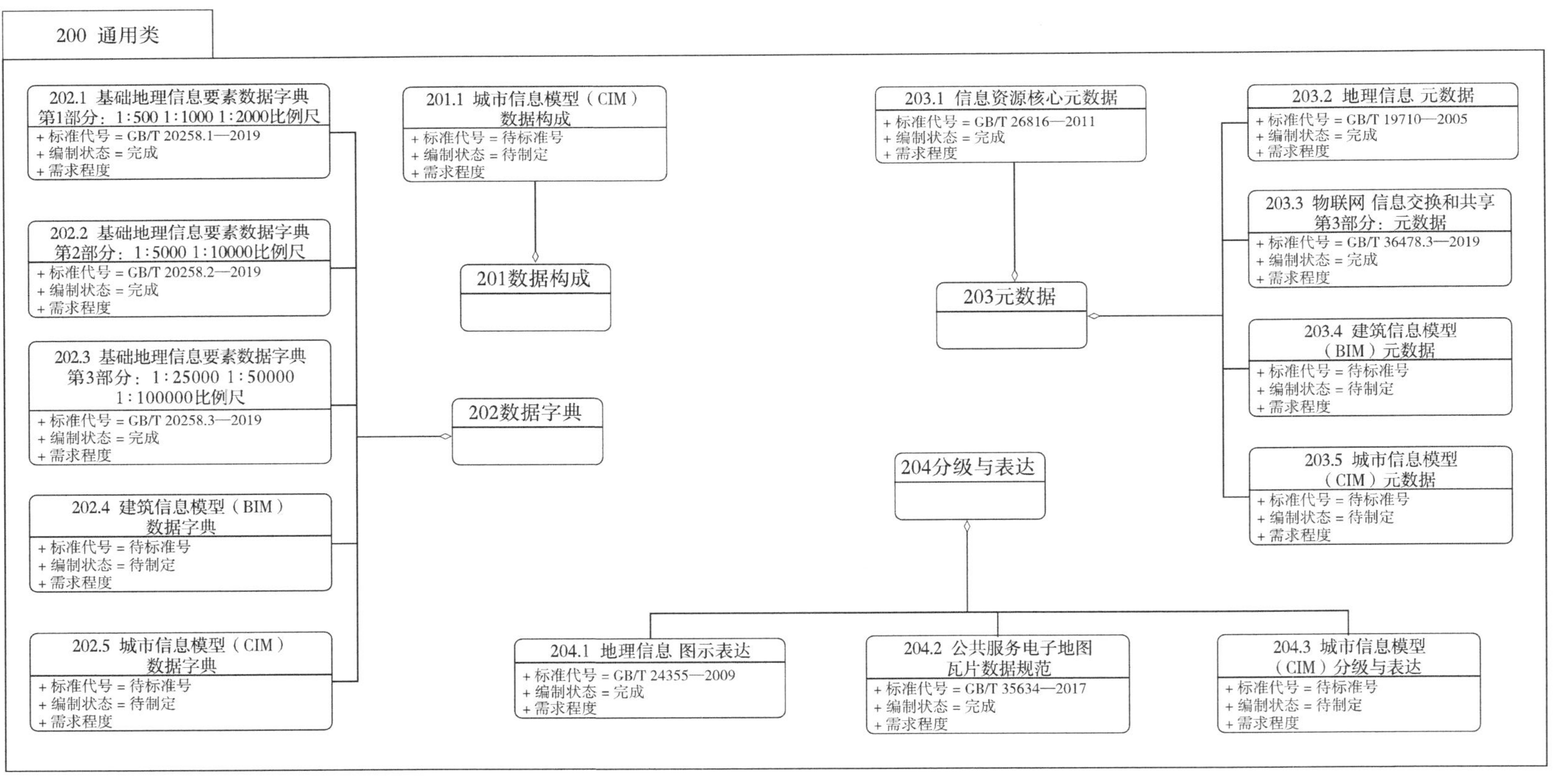

图3-24 CIM标准体系通用类UML图

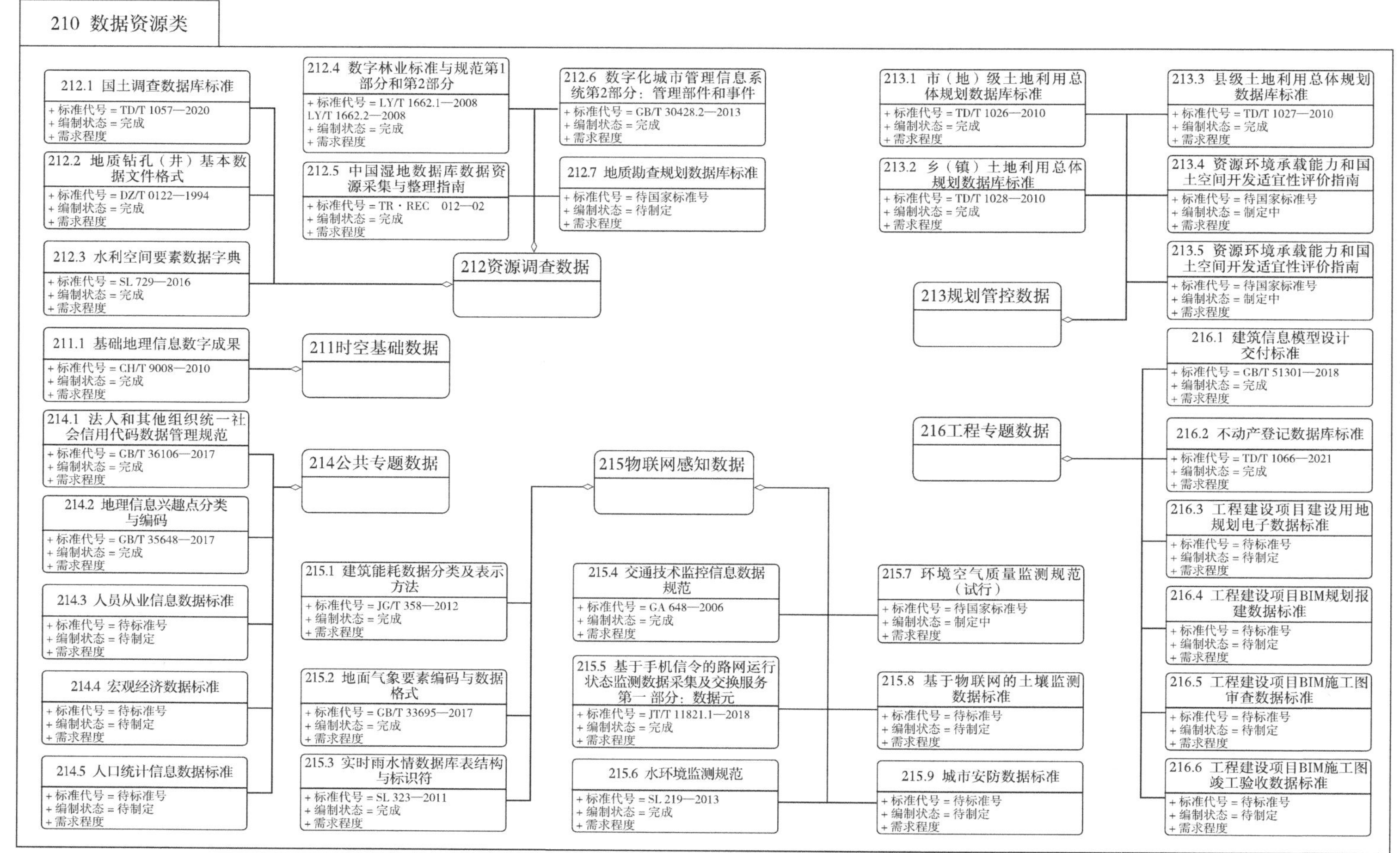

图3-25 CIM标准体系数据资源类UML图

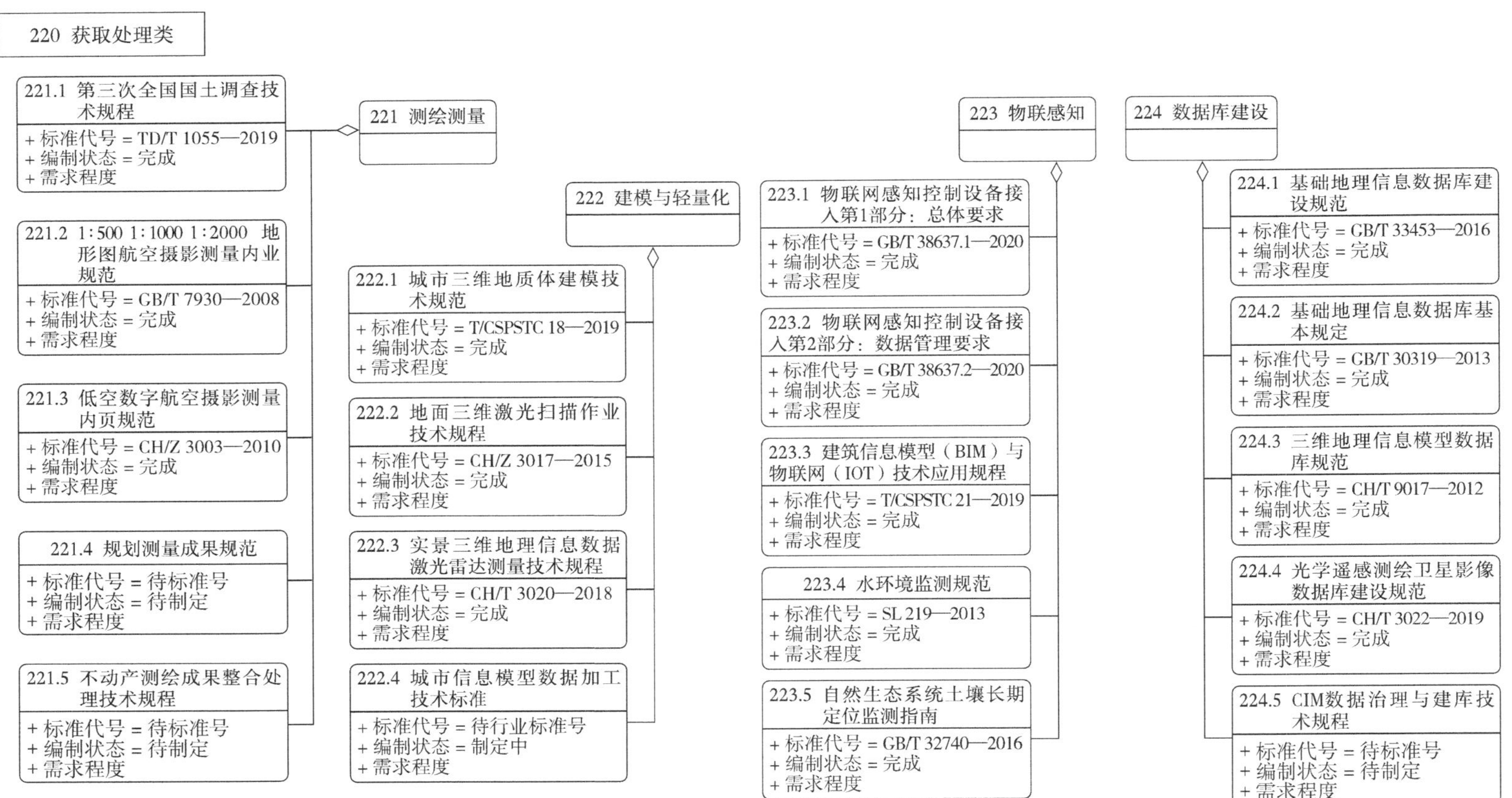

图3-26 CIM标准体系获取处理类UML图

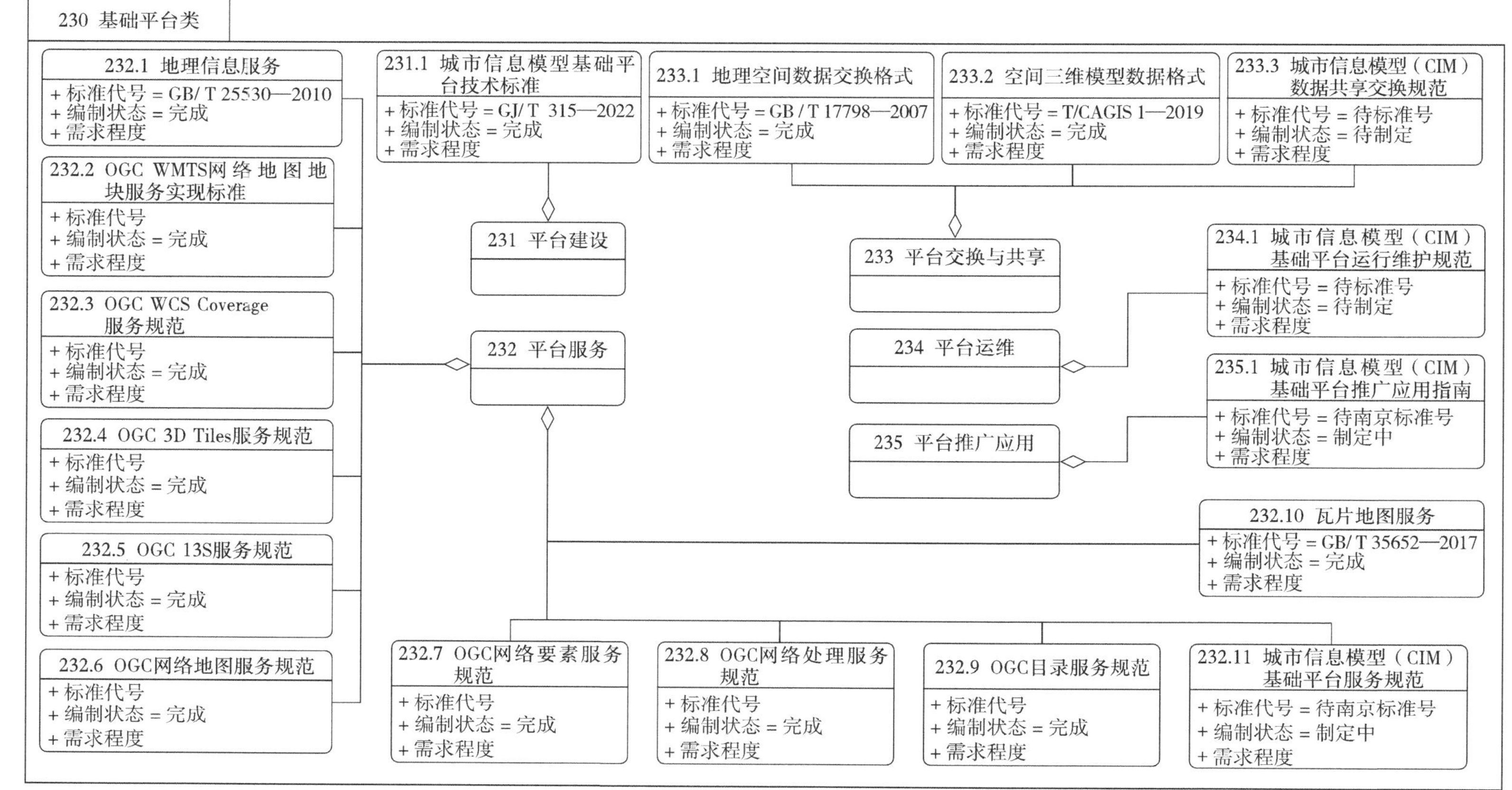

图3-27 CIM标准体系基础平台类UML图

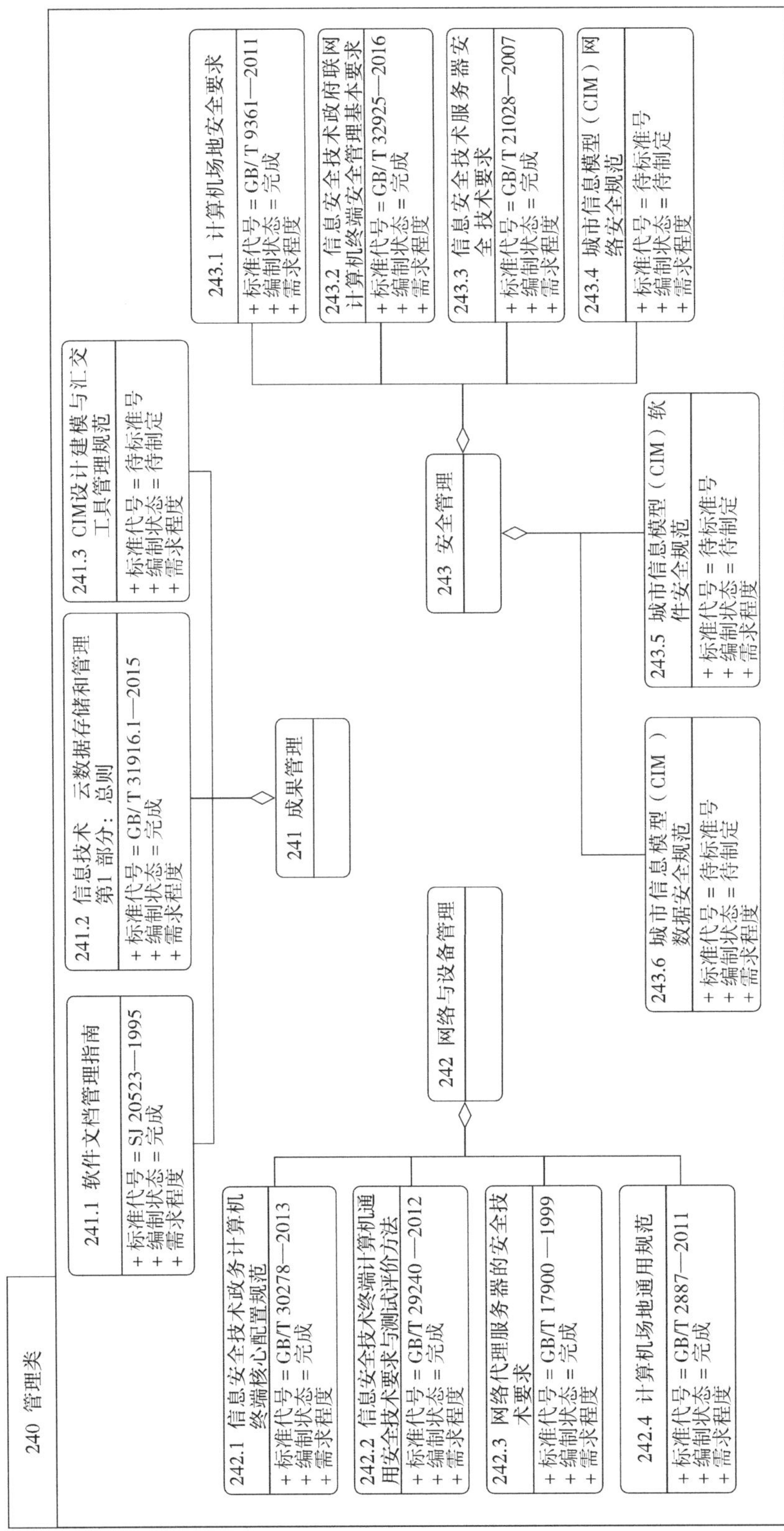

图3-28　CIM标准体系管理类UML图

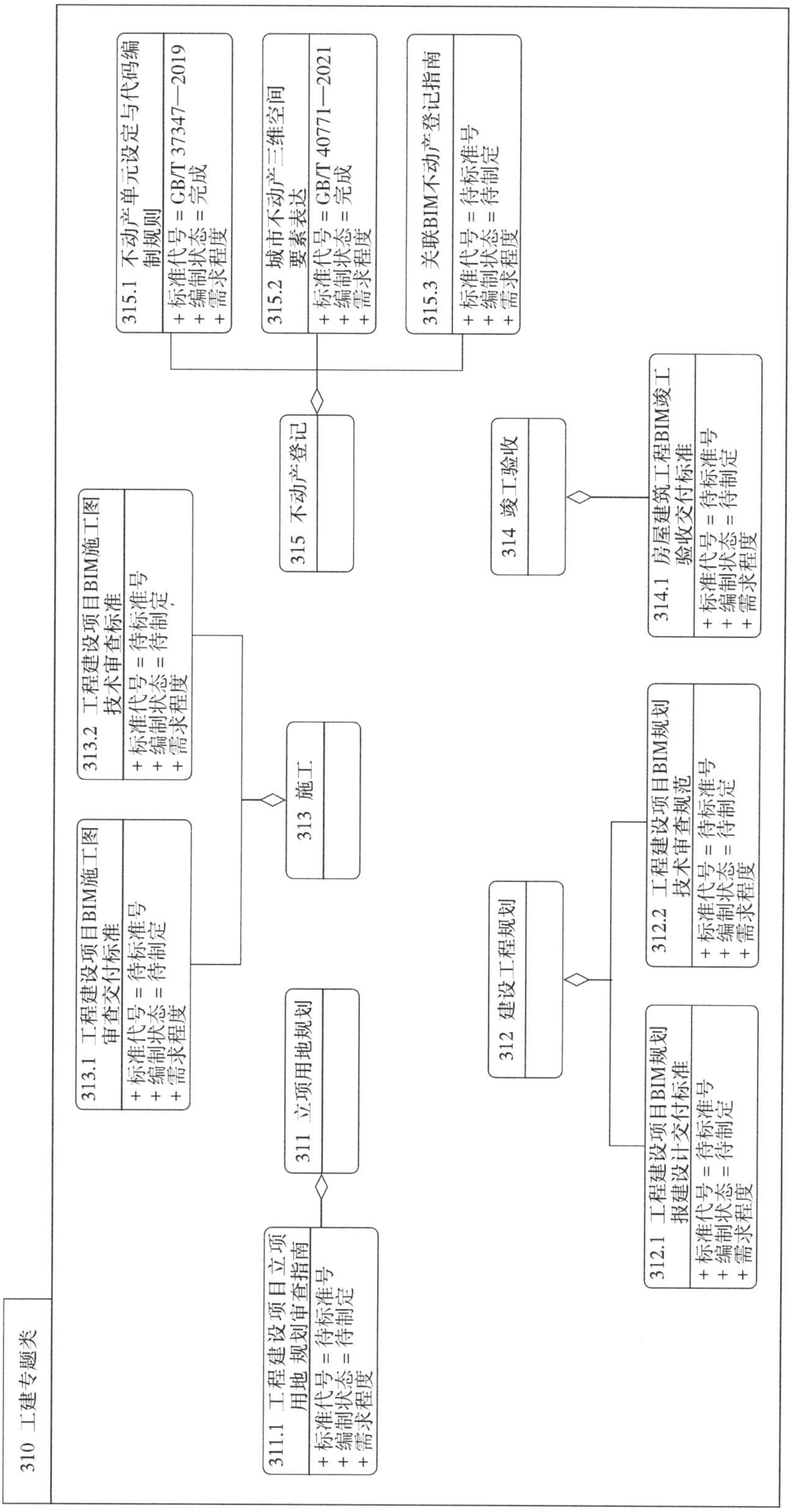

310 工建专题类

311 立项用地规划

311.1 工程建设项目立项用地规划审查指南
+ 标准代号 = 待标准号
+ 编制状态 = 待制定
+ 需求程度

312 建设工程规划

312.1 工程建设项目BIM规划报建设计交付标准
+ 标准代号 = 待标准号
+ 编制状态 = 待制定
+ 需求程度

312.2 工程建设项目BIM规划技术审查规范
+ 标准代号 = 待标准号
+ 编制状态 = 待制定
+ 需求程度

313 施工

313.1 工程建设项目BIM施工图审查交付标准
+ 标准代号 = 待标准号
+ 编制状态 = 待制定
+ 需求程度

313.2 工程建设项目BIM施工图技术审查标准
+ 标准代号 = 待标准号
+ 编制状态 = 待制定，
+ 需求程度

314 竣工验收

314.1 房屋建筑工程BIM竣工验收交付标准
+ 标准代号 = 待标准号
+ 编制状态 = 待制定
+ 需求程度

315 不动产登记

315.1 不动产单元设定与代码编制规则
+ 标准代号 = GB/T 37347—2019
+ 编制状态 = 完成
+ 需求程度

315.2 城市不动产三维空间要素表达
+ 标准代号 = GB/T 40771—2021
+ 编制状态 = 完成
+ 需求程度

315.3 关联BIM不动产登记指南
+ 标准代号 = 待标准号
+ 编制状态 = 待制定
+ 需求程度

图3-29 CIM标准体系工建专题类UML图

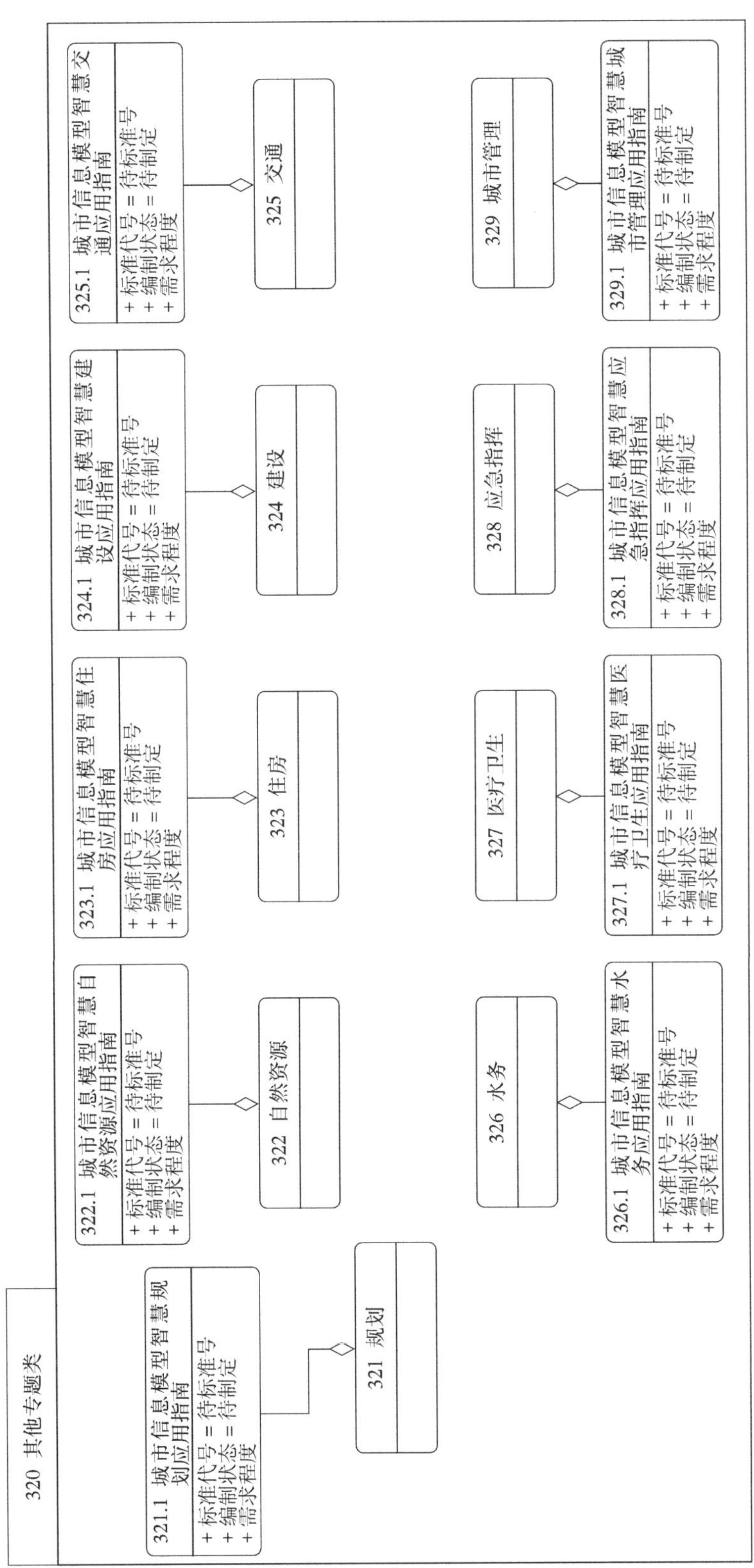

图3-30 CIM标准体系CIM+应用类UML图

3.3.3 CIM标准体系编制表

基于CIM标准体系框架，梳理国家和行业标准，综合考虑当前的技术水平与未来发展需要制定CIM标准体系编制表，具体见表3-2。

CIM标准体系编制表 表3-2

标准类名称	标准类编号	标准数量	说明					
基础类	100		是体系中其他标准的基础，规范城市信息模型（CIM）涉及的基本术语、核心概念、分类、代码与标识					
术语	101		规定CIM基本术语。					
			标准序号	标准名称	标准代号	编制状态	需求程度	备注
			101.1	城市信息模型（CIM）基本术语	待标准号	待制定		规定了城市信息模型（CIM）基础的和共用的技术术语及其定义；适用于城市信息模型（CIM）的相关标准制定、技术文件编制
核心概念	102		规定城市信息模型核心概念，指导CIM平台建设，支撑工程建设项目审批提质增效和跨部门的CIM共享应用					
			标准序号	标准名称	标准代号	编制状态	需求程度	备注
			102.1	城市信息模型（CIM）核心概念	待标准号	待制定		明确了城市信息模型核心概念及核心概念之间的关系；适用于指导平台建设
分类、代码与标识	103		规定CIM信息分类、编码、代码结构与构成、代码表等					
			标准序号	标准名称	标准代号	编制状态	需求程度	备注
			103.1	基础地理信息要素分类与代码	GB/T 13923—2006	完成		规定了基础地理信息要素分类与代码、用以标识数字形式的基础地理信息要素类型；适用于基础地理信息数据的采集、更新、管理、分发服务和产品开发，包括1：500至1：1000000比例尺的基础地理信息数据库的建设与应用，各种专业信息系统的基础地理信息公共平台建设，不同系统间的基础地理信息交换与共享，以及数字化测图、编图和地图更新等

续表

标准类名称	标准类编号	标准数量	说明					
			103.2	建筑信息模型分类和编码标准	GB/T 51269—2017	完成		为规范建筑信息模型中信息的分类和编码，实现建筑工程全生命期信息的交换与共享，推动建筑信息模型的应用发展，制定本标准；适用于民用建筑及通用工业厂房建筑信息模型中信息的分类和编码
			103.3	房屋建筑统一编码与基本属性标准	JGJ/T 496—2022	完成		为了规范和统一房屋建筑编码及其基本属性，提供房屋建筑全生命周期数字化管理的信息共享和数据基础，制定本标准。本标准适用于房屋建筑编码、基本属性采集、数据处理和信息共享应用，不适用于构筑物
			103.4	城市信息模型（CIM）分类和编码标准	待标准号	待制定		规范了城市信息模型（CIM）分类规则与编码构成；本标准适用于城市信息模型（CIM）的分类和编码
通用类	200		规定不同时间、空间尺度下，城市信息模型（CIM）数据的内容、结构、符号及语义等表达，具有一定通用性					
数据构成	201		规定CIM数据的构成					
			标准序号	标准名称	标准代号	编制状态	需求程度	备注
			201.1	城市信息模型（CIM）数据构成	待标准号	待制定		规定了CIM数据的构成；适用于CIM数据库的设计与数据的组织
数据字典	202		基于空间尺度和表达内容不同，对CIM数据的内容、结构和形态等的定义与描述					
			标准序号	标准名称	标准代号	编制状态	需求程度	备注
			202.1	基础地理信息要素数据字典 第1部分：1∶500、1∶1000、1∶2000比例尺	GB/T 20258.1—2019	完成		本标准规定了1∶500、1∶1000、1∶2000基础地理信息要素数据字典的内容结构与要素的描述。 本标准适用于1∶500、1∶1000、1∶2000比例尺基础地理信息数据库的数据生产、建设、更新和维护

续表

标准类名称	标准类编号	标准数量	说明					
			202.2	基础地理信息要素数据字典 第2部分：1∶5000、1∶10000比例尺	GB/T 20258.2—2019	完成		本标准规定了1∶5000、1∶10000基础地理信息要素数据字典的内容结构与要素的描述。 本标准适用于1∶5000、1∶10000比例尺基础地理信息数据库的生产、建设、更新和维护
			202.3	基础地理信息要素数据字典 第3部分：1∶25000 1∶50000 1∶100000比例尺	GB/T 20258.3—2019	完成		本标准规定了1∶25000、1∶50000、1∶100000基础地理信息要素数据字典的内容结构与要素的描述。 本标准适用于1∶25000、1∶50000、1∶100000比例尺基础地理信息数据库的数据生产、建库、更新和维护
			202.4	建筑信息模型（BIM）数据字典	待标准号	待制定		规定了BIM字典的内容结构与要素；适用于BIM数据生产、建设、更新和维护
			202.5	城市信息模型（CIM）数据字典	待标准号	待制定		规定了CIM各类数据字典的内容结构与要素；适用于CIM数据库的数据生产、建设、更新和维护
元数据	203		规定CIM数据集的描述方法和内容，提供有关CIM数据的标识、覆盖范围、质量、空间和时间模式、空间参照系和分发等信息					
			标准序号	标准名称	标准代号	编制状态	需求程度	备注
			203.1	信息资源核心元数据	GB/T 26816—2011	完成		规定了信息资源元数据的属性、核心元数据的构成、元数据扩展原则和方法；适用于信息资源的编目、归档、建库、发布、共享、交换和查询等
			203.2	地理信息数据	GB/T 19710—2005	完成		定义了描述地理信息及其服务所需要的模式。提供有关数字地理数据标识、覆盖范围、质量、空间和时间模式、空间参照系和分发等信息；适用于数据集编目、对数据集进行完整描述和数据交换网站的数据服务;地理数据集、数据集系列，以及单个地理要素和要素属性描述

续表

标准类名称	标准类编号	标准数量	说明					
			203.3	物联网 信息交换和共享 第3部分：元数据	GB/T 36478.3—2019	完成		规定了物联网系统间信息交换和共享的元数据，包括元数据概念模型、核心元数据和扩展元数据；适用于物联网系统间信息交换和共享系统的规划、设计以及维护管理
			203.4	建筑信息模型（BIM）元数据	待标准号	待制定		规定了BIM数据集的描述方法和内容，提供有关BIM数据的标识、覆盖范围、质量、空间和时间模式、空间参照系和分发等信息；适用于BIM数据集元数据整理、管理、汇编、服务和交换
			203.5	城市信息模型（CIM）元数据	待标准号	待制定		规定了CIM数据集的描述方法和内容，提供有关CIM数据的标识、覆盖范围、质量、空间和时间模式、空间参照系和分发等信息；适用于CIM数据集元数据整理、管理、汇编、服务和交换
分级与表达	204		规定城市信息模型不同空间尺度下的内容及表达形式与要求					
			标准序号	标准名称	标准代号	编制状态	需求程度	备注
			204.1	地理信息 图示表达	GB/T 24355—2009	完成		定义了描述地理信息的图示表达模式；适用于地理信息的图示表达
			204.2	公共服务电子地图瓦片数据规范	GB/T 35634—2017	完成		规定了公共服务电子地图瓦片数据的基本规定、分级、组织、内容和表达；适用于由政府或公共组织提供的面向公共服务的二维矢量和影像电子地图瓦片数据制作及交换
			204.3	城市信息模型（CIM）分级与表达	待标准号	待制定		规定了CIM在不同空间尺度下的分级要求及模型精细度；适用于CIM基础平台数据的加工、处理、配图以及CIM模型的表达
数据资源类	210		规定CIM各类数据的数据内容与结构					

续表

标准类名称	标准类编号	标准数量	说明					
时空基础数据	211		规范时空基础类数据的构成、类型、约束条件等					
			标准序号	标准名称	标准代号	编制状态	需求程度	备注
			211.1	基础地理信息数字成果	CH/T 9008—2010	完成		规定了基础地理信息数字成果1∶500、1∶1000、1∶2000数字线划图、数字栅格地图、数字正射影像图、数字高程模型的构成、形式、要求、质量检验和保密等内容；适用于基础地理信息数字成果1∶500、1∶1000、1∶2000数字线划图、数字栅格地图、数字正射影像图、数字高程模型的生产、质量控制和使用
资源调查数据	212		规范资源调查类数据的构成、类型、约束条件等					
			标准序号	标准名称	标准代号	编制状态	需求程度	备注
			212.1	国土调查数据库标准	TD/T 1057—2020	完成		规定了国土调查数据库的内容、要素分类代码、空间要素分层、要素属性结构、数据交换格式和元数据等；适用于永久基本农田、耕地等别、城市开发边界以及生态保护红线等国土调查数据库建设与数据交换
			212.2	地质钻孔（井）基本数据文件格式	DZ/T 0122—1994	完成		规定了地质钻孔（井）通用数据的文件格式；适用于建设全国或地区范围管理用钻孔（井）地质数据库，以及建设石油、水文、煤田和固体矿产钻孔（井）地质数据库中的基本文件
			212.3	水利空间要素数据字典	SL 729—2016	完成		规定了水利空间要素数据字典的结构、内容和扩充原则，给出了常用水利空间要素数据字典的具体定义；适用于不同比例尺的水利空间数据的生产、加工、建库、更新和维护，以及水利空间数据的分析、应用、制图和系统开发

续表

标准类名称	标准类编号	标准数量	说明					
			212.4	数字林业标准与规范第1部分和第2部分	LY/T 1662.1—2008 LY/T 1662.2—2008	完成		规定了数字林业体系中森林资源数据的分类、组织和编码；适用于数字林业国家森林资源连续清查、规划设计调查及作业设计调查数据的收集、分类和数字化存储，也可作为森林资源管理、资源环境信息系统建设等工作的参考标准
			212.5	中国湿地数据库数据资源采集与整理指南	TR-REC-012-02	完成		规定了湿地资源数据的内容和属性结构等；适用于湿地资源连续清查及作业设计的数据采集和数据库建设
			212.6	数字化城市管理信息系统第2部分：管理部件和事件	GB/T 30428.2—2013	完成		规定了数字化城市管理信息系统管理部件和事件的分类、编码及数据要求、专业部门编码规则，以及管理部件和事件类型扩展规则；适用于数字化城市管理信息系统的管理部件和事件数据获取、管理与应用
			212.7	地质勘查规划数据库标准	待国家标准号	制定中		规定了地质勘查规划信息的要素分类与编码、要素的分层与属性结构的定义，数据的命名规则、数据交换格式及元数据等；适用于地质勘查规划数据库建设及数据库管理系统开发
规划管控数据	213		规范规划管控类数据的构成、类型、约束条件等					
			标准序号	标准名称	标准代号	编制状态	需求程度	备注
			213.1	市（地）级土地利用总体规划数据库标准	TD/T 1026—2010	完成		本标准规定了市（地）级土地利用总体规划数据库的要素分类、要素编码、定位基础、数据结构、文件命名规则、数据交换格式和元数据等内容。 本标准适用于市（地）级土地利用总体规划数据的数据库建设和数据交换，市（地）级规划中的中心城区规划图形数据的数据库建设和数据交换按《乡（镇）土地利用总体规划数据库标准》TD/T 1028—2010执行

续表

标准类名称	标准类编号	标准数量	说明					
			213.2	乡（镇）土地利用总体规划数据库标准	TD/T 1028—2010	完成		本标准规定了乡（镇）土地利用总体规划数据库和市级、县级土地利用总体规划中的中心城区规划数据库的要素分类、要素编码、定位基础、数据结构、文件命名规则、数据交换格式和元数据等内容。 本标准适用于乡（镇）土地利用总体规划数据库建设和数据交换，以及市级和县级土地利用总体规划中的中心城区规划图形数据的数据库建设和数据交换
			213.3	县级土地利用总体规划数据库标准	TD/T 1027—2010	完成		本标准规定了县级土地利用总体规划数据库的要素分类、要素编码、定位基础、数据结构、文件命名规则、数据交换格式和元数据等内容。 本标准适用于县级土地利用总体规划数据的数据库建设和数据交换，县级规划中的中心城区规划图形数据的数据库建设和数据交换按《乡（镇）土地利用总体规划数据库标准》TD/T 1028—2010执行
			213.4	县级国土空间规划数据库标准	待国家标准号	制定中		规定了县级国土空间规划数据库的建库要求，包括数学基础、核心数据内容、数据分层、属性数据结构、属性值代码等；适用于国土空间规划数据生产、加工、数据建库等内容
			213.5	资源环境承载能力和国土空间开发适宜性评价指南	待国家标准号	制定中		规定了国土空间规划编制中的资源环境承载能力和国土空间开发适宜性评价的目标、原则以及技术流程等；适用于省级（区域）、县级国土空间规划编制中的资源环境承载能力和国土空间开发适宜性评价工作
公共专题数据	214		规范公共专题类数据的构成、类型、结构及约束条件等。					
			标准序号	标准名称	标准代号	编制状态	需求程度	备注

续表

标准类名称	标准类编号	标准数量	说明					
			214.1	法人和其他组织统一社会信用代码基础数据元	GB/T 36104—2018	完成		规定了法人和其他组织统一社会信用代码的术语和定义、数据管理流程，包括数据采集、信息回传、数据校核、数据加工、数据集中、质量控制、数据安全、质量评价；适用于国家、省级（含副省级市、计划单列市）和军队等组织机构代码管理机构、登记管理部门、统一代码应用部门和统一社会信用代码数据库建设部门
			214.2	地理信息兴趣点分类与编码	GB/T 35648—2017	完成		规定了地理信息兴趣点的分类与编码原则、方法及代码表；适用于地理信息兴趣点的采集、处理、应用和共享
			214.3	人员从业信息数据标准	待标准号	待制定		规定了人员从业、失业以及单位社保等信息的数据内容；适用于人员从业基本信息数据采集、更新、管理和数据库建设
			214.4	宏观经济数据标准	待标准号	待制定		规定了宏观经济数据的框架和属性结构；适用于宏观经济数据的采集、管理以及建库
			214.5	人口统计信息数据标准	待标准号	待制定		规定了人口统计结构的基础业务数据项；适用于人口信息采集、管理和更新
物联感知数据	215		规范物联感知类数据的构成、类型、约束条件等					
			标准序号	标准名称	标准代号	编制状态	需求程度	备注
			215.1	建筑能耗数据分类及表示方法	JG/T 358—2012	完成		规定了建筑能耗的术语和定义、建筑能耗按用途分类、建筑能耗按用能边界分类和建筑能耗表示方法；适用于民用建筑能耗的表示，可应用于数据采集、数据统计、信息发布、能耗标准、能耗计量、能耗评估和能耗分析等
			215.2	地面气象要素编码与数据格式	GB/T 33695—2017	完成		规定了地面气象观测要素变量编码、状态要素变量编码以及数据传输的帧格式、通信命令格式；适用于地面气象观测业务

续表

标准类名称	标准类编号	标准数量	说明					
			215.3	实时雨水情数据库表结构与标识符	SL 323—2011	完成		规定了实时雨水情基本信息类、实时信息类、预报信息类等表结构的设计及相关数据内容；适用于水利行业
			215.4	交通技术监控信息数据规范	GA 648—2006	完成		规定了交通技术监控信息的基本内容；适用于道路交通违法管理信息系统中交通技术监控信息的采集、存贮、管理、统计分析
			215.5	基于手机信令的路网运行状态监测数据采集及交换服务 第一部分：数据元	JT/T 1182.1—2018	完成		规定了基于手机信令的公路路网运行状态监测数据采集及交换服务的数据元分类、编号规则和表示规则，并给出了数据元集、数据元值域与值域代码；适用于基于手机信令数据的路网运行状态监测相关系统的设计、开发与应用
			215.6	水环境监测规范	SL 219—2013	完成		规定了地表水、地下水、大气降水、水体沉降物、入河排污口等水体监测上报数据内容
			215.7	环境空气质量监测规范（试行）	待国家标准号	制定中		规定了大气环境监测数据内容
			215.8	基于物联网的土壤监测数据标准	待标准号	待制定		规定了采用物联感知技术监测土壤生态环境数据内容及属性结构要求；适用于土壤生态环境监测数据的采集、管理和更新
			215.9	城市安防数据标准	待标准号	待制定		规定了城市安防数据内容、属性结构等方面的要求；适用于安防数据的采集、管理和更新
工建专题数据	216		规范工程项目建设类数据的构成、类型、约束条件等					
			标准序号	标准名称	标准代号	编制状态	需求程度	备注
			216.1	建筑信息模型设计交付标准	GB/T 51301—2018	完成		规范了建筑信息模型设计交付标准；适用于建筑工程设计中应用建筑信息模型建立和交付设计信息，以及各参与方之间和参与方内部信息传递的过程

续表

标准类名称	标准类编号	标准数量	说明					
			216.2	不动产登记数据库标准	TD/T 1066—2021	完成		规定了不动产登记数据库的内容，要素分类与编码、数据库结构等；适用于不动产登记数据库建设、数据交换和共享等
			216.3	工程建设项目建设用地规划电子数据标准	待标准号	待制定		规定了建设用地规划管理二维、三维电子数据，包括图形（模型）要素、要素属性、指标数据等内容
			216.4	工程建设项目BIM规划报建数据标准	待标准号	待制定		通过报建工具规整报建信息模型，以符合统一的数据规范要求，为设计行为、软件研发提供依据
			216.5	工程建设项目BIM施工图审查数据标准	待标准号	待制定		规定施工图审查电子数据中各类模型的导入数据要求，数据组织
			216.6	工程建设项目BIM施工图竣工验收数据标准	待标准号	待制定		规定竣工验收备案电子数据要求，包括模型电子数据的交付深度、辅助电子材料的类别等
获取处理类	220		规定CIM各类数据的获取、处理、加工与建库的过程、方法及技术要求					
测绘测量	221		规定以调查、测绘测量为主要手段获取处理相关CIM数据的过程、方法及技术、成果入库要求					
			标准序号	标准名称	标准代号	编制状态	需求程度	备注
			221.1	第三次全国国土调查技术规程	TD/T 1055—2019	完成		规定了第三次全国国土调查的总则与要求、土地权属调查、农村土地利用现状调查、城镇村庄内部土地利用现状调查、专项用地调查、数据库建设、统计汇总、成果核查及数据库质量检查、统一时点更新及成果等
			221.2	1：500、1：1000、1：2000 地形图航空摄影测量内业规范	GB/T 7930—2008	完成		规定了采用模拟、解析航空摄影测量方法测绘1：500、1：1000、1：2000地形图的规格、精度及内业作业的基本要求；适用于1：500、1：1000、1：2000地 形图的航空摄影测量内业作业

续表

标准类名称	标准类编号	标准数量	说明					
			221.3	低空数字航空摄影测量内业规范	CH/Z 3003—2010	完成		规定了低空数字航空摄影测量内业工作的影像预处理要求、空中三角测量要求、定向建模要求，以及数字线划图制作、数字高程模型制作、数字正射影像图制作、数字线划图（B类）制作、数字正射影像图（B类）制作和检查验收上交成果要求；适用于超轻型飞行器航摄系统和无人飞行器航摄系统，以1∶500、1∶1000、1∶2000航测成图为主要目的航空摄影测量内业工作
			221.4	规划测量成果规范	待标准号	待制定		规定了规划测量成果的内容、组织、存储；适用于规范规划测量成果的获取及入库
			221.5	不动产测绘成果整合处理技术规程	待标准号	待制定		规定了不动产测绘成果整合处理的技术准备、数据获取及处理等规程；适用于不动产测绘成果的数据整合与处理
建模与轻量化	222		规定CIM建模的内容、流程、质量检查的基本要求，以及模型轻量化原则、步骤方法、质量检查与成果要求等规程					
			标准序号	标准名称	标准代号	编制状态	需求程度	备注
			222.1	城市三维地质体建模技术规范	T/CSPSTC 18—2019	完成		规定了城市三维地质体建模的术语、基本要求、技术流程和要求、模型质量检查、成果交付等内容；适用于城市三维地质体建模
			222.2	地面三维激光扫描作业技术规程	CH/Z 3017—2015	完成		规定了基于地面固定站的三维激光扫描作业在技术准备与技术设计、数据采集、数据预处理、成果制作、质量控制与成果归档等方面的要求；适用于基于地面固定站的三维激光扫描技术，生产三维模型、DLG、DEM、TDOM、平面图、立面图、剖面图，计算表面积和体积等的测绘作业

续表

标准类名称	标准类编号	标准数量	说明					
			222.3	实景三维地理信息数据激光雷达测量技术规程	CH/T 3020—2018	完成		规定了利用机载、车（船）载、便携式、地面固定站式激光雷达测量等方式获取实景三维地理信息数据的基本要求、数据内容与规格、多平台数据采集与融合、质量控制及成果归档等要求；适用于利用激光雷达测量方法获取实景三维地理信息数据的技术设计、作业实施、数据处理与质量控制
			222.4	城市三维地理信息模型生产规程	CH005—2016	制定中		明确了城市三维地理信息模型的生产规定、流程、制作要求、制作方法、建库、质检等内容；适用于城市三维地理信息模型的生产、建库和更新
物联感知	223		规定以物联感知为主要手段获取CIM相关数据的过程、方法和技术要求					
			标准序号	标准名称	标准代号	编制状态	需求程度	备注
			223.1	物联网感知控制设备接入第1部分：总体要求	GB/T 38637.1—2020	完成		本部分规定了物联网系统中感知控制设备接入的接入要求、应用层接入协议和协议适配。 本部分适用于物联网感知控制设备的规划和研发
			223.2	物联网感知控制设备接入第2部分：数据管理要求	GB/T 38637.2—2020	完成		本部分规定了物联网感知控制设备接入网关或平台时的数据采集、数据处理、数据交换和数据安全等数据管理要求。 本部分适用于物联网感知控制设备接入网关或平台时数据管理功能的设计与实现
			223.3	建筑信息模型（BIM）与物联网（IoT）技术应用规程	T/CSP-STC 21—2019	完成		规定了BIM和IoT智能化集成系统相关技术要求；适用于新建、扩建和改建的住宅、办公、旅馆、文化、博物馆、观演、会展、教育、金融、交通、医疗、体育、商店等民用建筑及通用工业建筑，以及轨道交通，道路桥梁，市政公用、多功能组合的综合体等建筑物，在设计和施工、运营中采用了物联网技术，并希望采用建筑信息模型（BIM）技术来实现其建筑物和建筑设备数字化表达的智能化或信息化分项工程

续表

标准类名称	标准类编号	标准数量	说明					
			223.4	水环境监测规范	SL 219—2013	完成		规定了地表水、地下水、大气降水、水体沉降物、水生态调查等监测方法及数据记录、处理与资料整、汇编；适用于水环境与水生态监测，不适用于海洋水体监测
			223.5	自然生态系统土壤长期定位监测指南	GB/T 32740—2016	完成		规定了自然生态系统土壤长期定位监测的术语和定义、长期采样地设置与管理、监测指标与方法、质量控制、监测人员、设备和环境、数据管理等；适用于森林、草原、湿地和荒漠土壤的长期定位监测，也适用于人工林、草甸和人工草地土壤的长期定位监测
数据库建设	224		规定CIM数据汇聚、整合治理、成果建库、组织存储的过程、方法及技术要求					
			标准序号	标准名称	标准代号	编制状态	需求程度	备注
			224.1	基础地理信息数据库建设规范	GB/T 33453—2016	完成		规定了基础地理信息数据库的数据内容、系统设计、建库、系统集成、测试、验收、安全保障与运行维护的总体要求；适用于基础地理信息数据库的建设，其他各类地理信息相关数据库的建设也可参照执行
			224.2	基础地理信息数据库基本规定	GB/T 30319—2013	完成		规定了基础地理信息数据库的定义、组成、分级和要求；适用于国家、省区、市（县）基础地理信息数据库的建设、管理和维护，也可作为其他地理信息数据库的参照
			224.3	三维地理信息模型数据库规范	CH/T 9017—2012	完成		规定了三维地理信息模型数据库在数据内容、逻辑关系、数据组织、数据存储以及数据库管理功能等方面的要求；适用于三维地理信息模型数据库的建设、更新和维护
			224.4	光学遥感测绘卫星影像数据库建设规范	CH/T 3022—2019	完成		规定了光学遥感测绘卫星影像数据库建设的总体要求、数据内容、数据库设计、数据建库、系统开发、测试与验收、安全保障和运行维护等内容及要求；适用于光学遥感测绘卫星影像数据库建设与共享服务

续表

标准类名称	标准类编号	标准数量	说明					
			224.5	CIM数据治理与建库技术规程	待标准号	待制定		规定了接入到CIM基础平台中的数据内容、数据命名、数据治理与轻量化技术规程、数据入库更新技术规范，数据建库存储方案等；适用于接入到CIM基础平台中的所有数据
基础平台类	230		规范城市信息模型（CIM）基础平台建设、服务、交换与共享及运维，并对城市信息模型（CIM）基础平台的推广应用进行指引					
平台建设	231		规范城市信息模型（CIM）基础平台建设的一般规定、平台构成、平台功能及应用、平台性能要求等相关的规范					
			标准序号	标准名称	标准代号	编制状态	需求程度	备注
			231.1	城市信息模型基础平台技术标准	CJJ/T 315—2022	已完成		为规范城市信息模型基础平台建设，推动城市建设、管理数字化转型和高质量发展，提升城市治理体系和治理能力现代化水平，制定本标准。 本标准适用于城市信息模型基础平台建设、管理和运行维护
平台服务	232		规范CIM基础平台发布服务的类型、服务接口等					
			标准序号	标准名称	标准代号	编制状态	需求程度	备注
			232.1	地理信息服务	GB/T 25530—2010	完成		本标准给出了地理信息服务分类，并在服务分类中给出地理信息服务的一系列实例，描述了如何创建平台无关的服务规范，以及如何派生出和该规范一致的平台相关的服务规范，为选择与规范地理信息服务提供指南。ISO 19119：2005，IDT
			232.2	OGC WMTS 网络地图地块服务实现标准		完成		参考OGC标准
			232.3	OGC WCS Coverage 服务规范		完成		参考OGC标准
			232.4	OGC 3D Tiles服务规范		完成		OGC 18-053r2 3D Tiles Specification 1.0

续表

标准类名称	标准类编号	标准数量	说明					
			232.5	OGC I3S 服务规范		完成		参考OGC标准
			232.6	OGC 网络地图服务规范		完成		OGC Web Map Service（ISO 19128）
			232.7	OGC 网络要素服务规范		完成		OGC Web Feature Service（ISO 19142）
			232.8	OGC 网络处理服务规范		完成		参考OGC标准
			232.9	OGC 目录服务规范		完成		参考OGC标准
			232.10	瓦片地图服务	GB/T 35652—2017	完成		规定了瓦片地图的数据模型、服务接口和服务实现；适用于瓦片地图服务的发布和访问
			232.11	城市信息模型（CIM）基础平台服务规范	待标准号	待制定		规定了CIM基础平台的服务类型、服务接口等方面的要求；适用于CIM基础平台各项服务的发布和访问
平台交换与共享	233		规定城市信息模型数据交换与共享的方法和格式等内容					
			标准序号	标准名称	标准代号	编制状态	需求程度	备注
			233.1	地理空间数据交换格式	GB/T 17798—2007	完成		规定了矢量和栅格两种空间数据的交换格式；适用于矢量、影像和格网空间数据交换
			233.2	空间三维模型数据格式	T/CAGIS 1—2019	完成		规定了一种空间三维模型数据格式的文件组织结构及存储格式要求；适用于网络环境和离线环境下三维空间数据的传输、交换与共享，也适用于三维空间数据在不同终端（移动设备、浏览器、桌面电脑）上的三维地理信息系统相关应用
			233.3	城市信息模型（CIM）数据共享交换规范	待标准号	待制定		规定了城市信息模型（CIM）数据的交换内容、流程及格式等方面；适用于城市信息模型（CIM）数据的交换与共享

续表

标准类名称	标准类编号	标准数量	说明					
平台运维	234		规范城市信息模型（CIM）基础平台运行维护服务工作					
			标准序号	标准名称	标准代号	编制状态	需求程度	备注
			234.1	城市信息模型（CIM）基础平台运行维护规范	待标准号	待制定		规定了城市信息模型（CIM）基础平台运行维护服务对象、运行维护活动、运行维护过程管理、运行维护组织体系、运行维护保障资源等方面的要求；适用于城市信息模型（CIM）基础平台的运行维护工作
平台推广应用	235		规范CIM基础平台的建设指导思想、应用原则、推广应用模式、统一UI规范					
			标准序号	标准名称	标准代号	编制状态	需求程度	备注
			235.1	城市信息模型（CIM）基础平台推广应用指南	待标准号	待制定		规范了CIM平台的建设指导思想、应用原则、平台功能、统一UI规范等；适用于指导相关人员基于CIM平台进行推广应用
管理类	240		为实现城市信息模型（CIM）相关管理工作的顺利实施，以成果管理、网络与设备管理、安全管理为对象制定的标准					
成果管理	241		规定城市信息模型（CIM）成果（数据、软件文档、工具）管理相关要求					
			标准序号	标准名称	标准代号	编制状态	需求程度	备注
			241.1	软件文档管理指南	SJ 20523—1995	完成		规定了软件文档种类、质量等级以及文档管理的详细要求；适用于软件的开发、使用和维护
			241.2	信息技术 云数据存储和管理 第1部分：总则	GB/T 31916.1—2015	完成		给出了云数据存储和管理框架，规定了云数据存储和管理应用接口通用要求；适用于云存储和管理应用接口的规范
			241.3	CIM设计建模与汇交工具管理规范	待标准号	待制定		规定了CIM设计建模与汇交工具管理的职责、版本、授权、更新与维护等的要求；适用于CIM设计建模与汇交工具的使用、管理

续表

标准类名称	标准类编号	标准数量	说明					
网络与设备管理	242		规定CIM基础平台及其应用、服务等所需的网络与设备管理相关方法和要求					
			标准序号	标准名称	标准代号	编制状态	需求程度	备注
			242.1	信息安全技术 政务计算机终端核心配置规范	GB/T 30278—2013	完成		规定了政务计算机终端核心配置的基本概念和要求，以及核心配置的自动化实现方法，规范了核心配置实施流程。适用于政务部门开展计算机终端的核心配置工作。涉密政务计算机终端安全配置工作应参照国家保密局相关保密规定和标准执行
			242.2	信息安全技术 终端计算机通用安全技术要求与测试评价方法	GB/T 29240—2012	完成		规定了终端计算机的安全技术要求和测试评价方法；适用于指导终端计算机的设计生产企业、使用单位和信息安全服务机构实施终端计算机等级保护安全技术的设计、实现和评估工作
			242.3	网络代理服务器的安全技术要求	GB/T 17900—1999	完成		规定了网络代理服务器的安全技术要求，并作为网络代理服务器的安全技术检测依据
			242.4	计算机场地通用规范	GB/T 2887—2011	完成		规定了计算机场地的术语、分类、要求、测试方法与验收规则；适用于新建、改建和扩建的各类计算机场地
安全管理	243		规定城市信息模型（CIM）安全管理内容、技术方法与要求					
			标准序号	标准名称	标准代号	编制状态	需求程度	备注
			243.1	计算机场地安全要求	GB/T 9361—2011	完成		规定了计算机场地的安全要求；适用于新建、改建和扩建的各类计算机场地
			243.2	信息安全技术 政府联网计算机终端安全管理基本要求	GB/T 32925—2016	完成		规定了政府部门联网计算机终端的安全要求；适用于政府部门开展联网计算机终端安全配置、使用、维护与管理工作

续表

标准类名称	标准类编号	标准数量	说明					
			243.3	信息安全技术 服务器安全技术要求	GB/T 21028—2007	完成		本标准依据《计算机信息系统 安全保护等级划分准则》GB 17859—1999的五个安全保护等级的划分，规定了服务器所需要的安全技术要求，以及每一个安全保护等级的不同安全技术要求；适用于按《计算机信息系统 安全保护等级划分准则》GB 17859—1999的五个安全保护等级的要求所进行的等级化服务器的设计、实现、选购和使用
			243.4	城市信息模型（CIM）网络安全规范	待标准号	待制定		规定了网络安全的基本要求、网络完全建设、网络安全技术、详细技术要求、网络安全管理要求等方面的要求；适用于城市信息模型（CIM）网络安全的建设和管理
			243.5	城市信息模型（CIM）软件安全规范	待标准号	待制定		规定了城市信息模型（CIM）软件安全技术、安全管理等方面的要求；适用于城市信息模型（CIM）软件使用和管理单位
			243.6	城市信息模型（CIM）数据安全规范	待标准号	待制定		规定了数据安全分级、数据脱敏保密、数据传输安全、数据迁移安全、数据共享安全、数据安全隔离、数据备份恢复等方面的城市信息模型（CIM）数据安全要求；适用于实现城市信息模型（CIM）数据安全的活动
专业类	300		规范工程建设改革和基于CIM技术产生的与智慧城市相关的专项业务服务应用的相关内容					
工建专题类	310		规范工程建设项目各阶段电子数据的交付要求、审查范围、审查流程					
立项用地规划	311		规范工程建设项目立项用地规划阶段审查流程，指导相关应用人员进行立项用地规划审查					
			标准序号	标准名称	标准代号	编制状态	需求程度	备注
			311.1	工程建设项目立项用地规划审查指南	待标准号	待制定		规定了立项用地规划阶段电子数据的审查范围和条文内容说明；适用于指引相关应用人员进行立项用地规划审查

续表

标准类名称	标准类编号	标准数量	说明					
建设工程规划	312		规范建设工程规划阶段BIM的交付、报建审查流程，提升建设工程规划报建审查效率					
			标准序号	标准名称	标准代号	编制状态	需求程度	备注
			312.1	建设工程项目BIM规划报建设计交付标准	待标准号	待制定		规定了模型交付物、模型的创建、模型的几何信息与属性信息表达；适用于规范建设工程规划阶段的BIM交付
			312.2	工程建设项目BIM规划技术审查规范	待标准号	待制定		规定了建设工程规划阶段BIM报建审查流程的技术规范；适用于指导建设工程规划阶段的BIM报建的审查
施工	313		规范施工阶段施工图模型的审查交付标准、审查内容及流程，提升施工图审查效率					
			标准序号	标准名称	标准代号	编制状态	需求程度	备注
			313.1	工程建设项目BIM施工图审查交付标准	待标准号	待制定		规定了施工图审查各专业的审查数据库的交付标准、交付物范围及要求；适用于指导工程建设项目BIM的交付
			313.2	工程建设项目BIM施工图技术审查标准	待标准号	待制定		规定了各专业模型审查范围和条文内容说明、模型的交付深度、模型单元属性信息要求、模型单元属性审查信息要求；适用于指导施工图模型的审查
竣工验收	314		规范竣工验收模型的交付流程、内容及格式，指导相关应用人员进行竣工验收模型的交付					
			标准序号	标准名称	标准代号	编制状态	需求程度	备注
			314.1	房屋建筑工程BIM竣工验收交付标准	待标准号	待制定		规定了竣工验收备案电子数据交付流程、交付内容、交付格式；适用于指导竣工验收模型的交付
不动产登记	315		规范不动产登记流程，指导相关应用人员进行关联BIM的不动产登记					
			标准序号	标准名称	标准代号	编制状态	需求程度	备注

续表

标准类名称	标准类编号	标准数量	说明					
			315.1	不动产单元设定与代码编制规则	GB/T 37346—2019	完成		规定了不动产单元的设定、代码结构和代码编制规则等；适用于不动产单元的设定、编码、标识、信息处理和交换等
			315.2	城市不动产三维空间要素表达	GB/T 40771—2021	完成		本标准规定了城市不动产三维空间要素的空间信息及属性信息的基本要求。 本标准适用于城市不动产三维空间要素的空间数据描述以及数据库建库
			315.3	关联BIM不动产登记指南	待标准号	待制定		规范了不动产登记数据与BIM关联的技术内容；适用于指引关联BIM的不动产登记
其他专题类	320		为保障基于CIM基础平台设计、开发各行业应用而制定的标准，涵盖规划、自然资源、住房、建设、交通、水务、医疗卫生、应急指挥、城市管理等行业					
规划	321		规范规划领域的CIM应用服务					
			标准序号	标准名称	标准代号	编制状态	需求程度	备注
			321.1	城市信息模型智慧规划应用指南	待标准号	待制定		规范CIM平台及数据支撑规划辅助编制、成果审查与共享应用，适用于总体规划、详细规划、自然资源专题规划、城市设计等
自然资源	322		规范自然资源领域的CIM应用服务					
			标准序号	标准名称	标准代号	编制状态	需求程度	备注
			322.1	城市信息模型智慧自然资源应用指南	待标准号	待制定		规范CIM平台及数据支撑各类自然资源的调查、监测、评估、确权登记等应用，适用于土地管理、地矿业务、林业与草地、防灾与应急、资源确权等自然资源应用
住房	323		规范住房领域的CIM应用服务					
			标准序号	标准名称	标准代号	编制状态	需求程度	备注

续表

标准类名称	标准类编号	标准数量	说明					
			323.1	城市信息模型智慧住房应用指南	待标准号	待制定		规范CIM平台及数据支撑城市公共住房资源的可视化管理、房屋的周转、运营与维护等应用服务；适用于指导城市信息模型智慧住房应用
建设	324		规范建设领域的CIM应用服务					
			标准序号	标准名称	标准代号	编制状态	需求程度	备注
			324.1	城市信息模型智慧建设应用指南	待标准号	待制定		规范CIM平台及数据支撑工程建设的进度、质量与安全、工地监管等应用服务；适用于指导城市信息模型智慧建设应用
交通	325		规范交通领域的CIM应用服务					
			标准序号	标准名称	标准代号	编制状态	需求程度	备注
			325.1	城市信息模型智慧交通应用指南	待标准号	待制定		为指导城市信息模型智慧交通应用、交通工程的建设，发挥交通基础设施效能，提升交通系统运行效率和管理水平，服务于公众出行和可持续发展，制定本指南。本指南适用于指导相关部门通过城市信息模型平台开展实时路况三维仿真、交通预测及交通诱导、路网分析、事件预警与信息发布等智慧交通业务应用
水务	326		规范水务领域的CIM应用服务					
			标准序号	标准名称	标准代号	编制状态	需求程度	备注
			326.1	城市信息模型智慧水务应用指南	待标准号	待制定		为指导城市信息模型智慧水务应用、水利水务工程的建设，实现城市水务的智能化、信息化管理，制定本指南。本指南适用于指导相关部门通过城市信息模型平台开展城市内涝三维模拟展示、内涝预警、实时监测、排水设施巡检、水旱灾害指挥调度等水务业务应用
医疗卫生	327		规范医疗卫生领域的CIM应用服务					

续表

标准类名称	标准类编号	标准数量	说明					
			标准序号	标准名称	标准代号	编制状态	需求程度	备注
			327.1	城市信息模型智慧医疗卫生应用指南	待标准号	待制定		规范CIM平台及数据支撑医疗卫生专项规划、医疗设施建设、成果更新与共享等应用服务；适用于城市信息模型智慧医疗卫生应用
应急指挥	328		规范应急指挥领域的CIM应用服务					
			标准序号	标准名称	标准代号	编制状态	需求程度	备注
			328.1	城市信息模型智慧应急指挥应用指南	待标准号	待制定		规范了CIM平台及数据支撑应急专项规划、应急设施建设、事件监管、模拟分析、调度指挥与事后总结评估等应用服务。 本指南适用于指导相关部门在城市信息模型平台上开展应急指挥应用
城市管理	329		规范城市管理领域的CIM应用服务					
			标准序号	标准名称	标准代号	编制状态	需求程度	备注
			329.1	城市信息模型智慧城市管理应用指南	待标准号	待制定		规范了CIM平台及数据支撑城市管理专项规划、事件监管、模拟分析、决策支持等应用服务

3.3.4 CIM标准统计表

根据CIM标准体系编制表统计国家标准和行业标准的现有数、应有数和占比，具体见表3-3。

CIM标准统计表 表3-3

标准类别	应有数（个）	现有数（个）	已有占比（%）
国家标准	38	34	89.47
行业标准	71	24	33.80
其他标准	11	11	100
总计	120	69	57.50

第4章　CIM基础与通用标准

依据本书第3章介绍的CIM标准体系内容，本章将深入探讨CIM标准体系中的基础类标准与通用类标准，包括CIM术语、CIM核心概念与框架、CIM分类与编码、CIM分级与表达、CIM模型元数据等内容。

4.1　术语

4.1.1　CIM术语

术语是在特定学科领域用来表示概念的称谓的集合，是思想和认识交流的工具，是传播知识、技能和进行社会文化、经济交流所不可缺少的重要工具。术语标准是以各种专用术语为研究对象所制定的标准，它收集相应领域具有代表性的名词，或者梳理还没有统一称谓的专业词汇，主要规定术语、术语相应的定义（或解释性说明）和对应的英文名称。

CIM是多学科、多专业交叉融合的新兴技术，其概念非常广，涉及的技术要素、行业领域众多。CIM涉及的技术包括3DGIS、BIM、IoT以及VR/AR等信息技术，涉及的行业包括规划、建筑、交通、水务、园林等和智慧城市相关的各大行业领域。因此CIM相关名词术语较多，为统一人们的认识和理解，亟需对CIM相关术语进行规范和统一。

CIM术语标准是CIM标准体系中的重要基础标准，是整套CIM标准体系的底板支撑。术语的规范定义对统一下层标准的定义、语义基础和表达等内容具有重要作用。为了更好地厘清专业界限和概念层次，促进CIM应用和发展过程中信息、技术的交流与共享，CIM术语标准化工作至关重要。它收集CIM应用过程中所涉及的术语，规范其名称和释义，从而服务于CIM应用中的各项活动，有助于CIM标准体系中通用类、应用类等标准的制定和最终完善，进而推动城市信息模型的应用和发展。

近几年，城市信息模型的发展持续升温，学术研究成果和实践应用案例数量都在快速增长，与城市信息模型相关的技术、政策及应用一直是业界讨论和研究的热点。通过大量的文献及政策文件阅读，从CIM的关联性出发，我们简要列举了CIM

相关术语，如图4-1所示。例如，与CIM相关的技术术语BIM，其覆盖建设工程项目全生命周期，与其紧密联系的术语涉及设计方案模型、规划信息模型、施工图模型、竣工验收模型等，建设CIM基础平台过程中涉及数据共享、数据交换等术语，这些都体现了CIM术语的关联性。

技术是发展和应用CIM的基础，只有具备了坚实的技术基础，才能充分发挥CIM在城市规划建设管理和社会公共服务领域的真正效能。表4-1列出了与CIM紧密相关的主要技术，这些技术在城市信息模型的应用过程中扮演着重要角色，为更好地理解CIM相关的技术，CIM术语标准应对这些技术术语进行规范和统一。

CIM相关技术及关系表述　　表4-1

CIM相关技术	关系表述
GIS	构建CIM的骨架
BIM	构建CIM的细胞组织
数字孪生	记录、仿真、预测城市全生命周期的运行轨迹
IoT	物联感知形成城市神经系统

CIM技术的应用是通过城市信息模型基础平台（CIM基础平台）来实现的，平台的建设、运营和维护需要制定相应的标准来进行指导，CIM基础平台的建设需要数据资源的支撑，反之数据资源的接入要求CIM基础平台应具有数据交换与共享的功能，而CIM数据共享服务应支持开放的、标准的接口。平台的数据共享、数据交换、运维服务等活动都需要有清晰的定义，才能规范CIM基础平台的建设与运营维护，并基于CIM基础平台，满足实际应用需求。

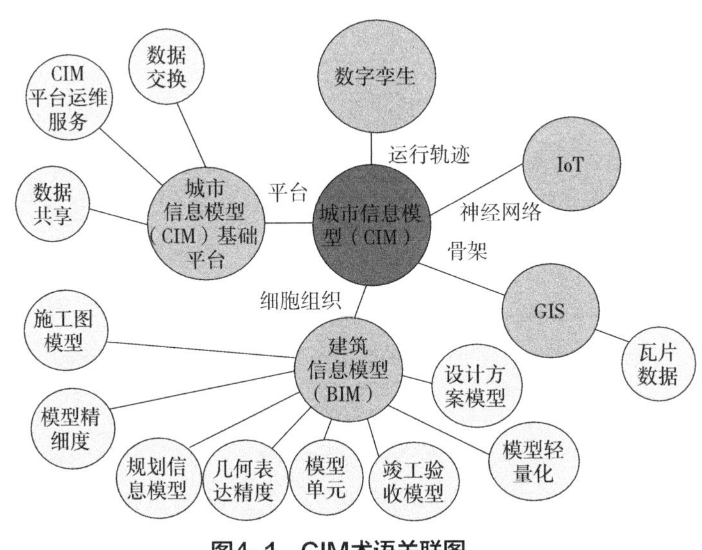

图4-1　CIM术语关联图

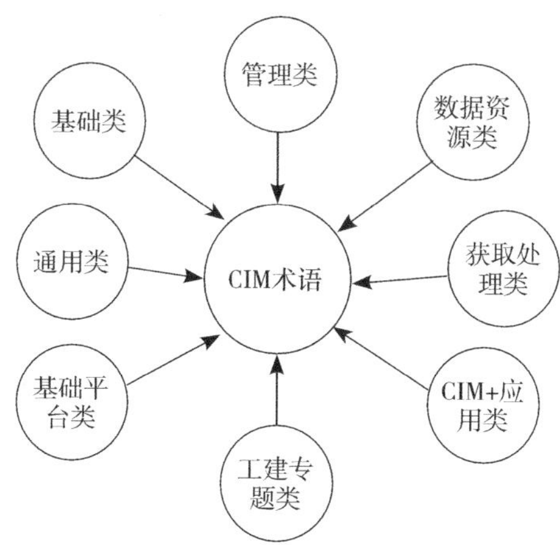

图4-2 CIM术语的来源

由第3章内容可知，CIM标准体系框架由基础类、通用类、专业类组成，各项标准的编制都会涉及相关术语，CIM术语标准服务于CIM标准体系框架内的各类标准，同时这些标准编制过程中涉及的术语也应在术语标准里有所体现，如图4–2所示，CIM术语标准涉及的术语取自这些标准。

4.1.2 CIM术语标准编写原则

CIM术语标准的编写应符合国家在语言文字方面的规定，应贯彻协调一致的原则，与国家标准、行业标准保持一致，并符合国家法律、法规及相关政策要求。CIM标准中如采用了尚无规定的名词、术语，应在标准中给出定义和说明，避免多义和同义现象，规避歧义和误解。同时应长期关注术语的使用效果，结合行业未来发展趋势，不断总结实践经验，根据实际需求增删术语数量，更新术语定义，为城市信息模型发展提供更系统、更完善的基础支撑。CIM术语标准化有利于CIM标准的制定和修订，促进行业的沟通与交流，推动城市信息模型的应用和发展。

4.2 CIM核心概念与框架

4.2.1 CIM核心概念

CIM的核心概念可以借鉴智慧城市、建筑信息模型和地理信息的相关概念模型。《智慧城市 领域知识模型 核心概念模型》GB/T 36332—2018将智慧城市领域知识模型的核心概念分为实体基本类、服务基本类、事件基本类、角色基本类、协作基本类、情境基本类、度量基本类7个基本类和物理实体、信息实体、社会实体、创意实体、政府管理、企业运营、市民生活、服务类型、事件角色、协作角色、消息、协议、流程、约束、信息空间位置、环境、时间、地理位置、关键绩效指标和计量20个核心概念，核心概念之间的关系如图4-3所示。

《Building construction-organization of information about construction works-Part 2:Framework for classification》ISO 12006-2:2015给出了建筑信息模型分类的方法论，定义了建筑行业信息分类框架，给出了不同分类角度和相互关系[73]，如图4-4所示。

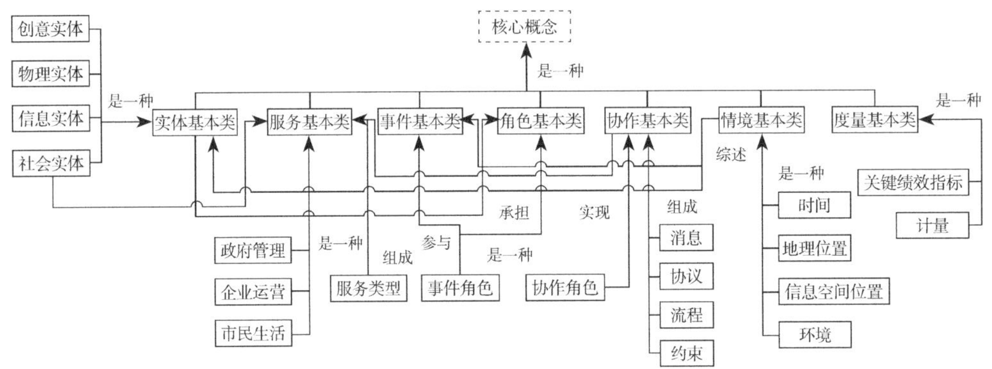

图4-3　智慧城市领域知识模型核心概念

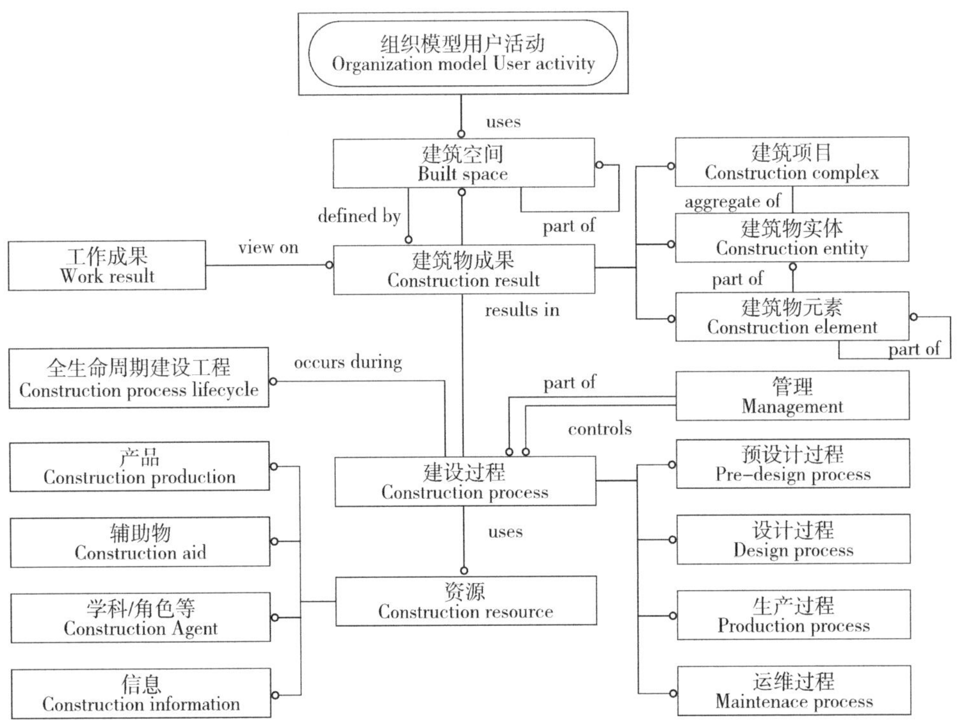

图4-4　ISO 12006-2:2015房屋建筑信息概念模型（引自文献［73］）

《地理信息 参考模型 第1部分：基础》GB/T 33188.1—2016提到的概念模式建模方法（CSMF）描述了一个模式架构，定义了概念模式中信息抽象的不同层次，如图4-5所示。元-元模型层是模式体系结构中最上面的一层，包括定义模式，具体定义在元模型层中描述基本结构所需的概念、术语、操作和假设，通常用自然语言表达，本身不属于标准化的范围，元-元模型能够定义规范模式中的概念，支持对规范模式修改方案的评价。元模型层包括构建应用模式所需的概念、术语、操作和假设的定义，它们描述各种建模或表达语言（包括概念模式语言、用于建模的模式或范例）的句法和语义，该层中规范模式的架构用定义模式中基本概念的语言进行描述。应用模式（应用模型层）定义在信息库中能够实例化的对象类型、数据和处理，它们使用元模型层中定义的构架。应用模式可以由一个或多个建模语言描述的几个部分组成。

参考上述模型，结合CIM的概念特点：在空间范围上，CIM可对历史、现状、未来各维度空间数据进行无缝衔接，包含微观与宏观、室内与室外、地上与地下的多维、多尺度空间；在数据来源上，CIM不仅关注静态、准静态的模型信息，同时关注物联网、互联网产生的海量的、实时的动态信息，并将这些信息通过BIM、GIS等模型进行实时的表达和呈现，将传统静态的模型升级为鲜活开放、实时感知、虚实映射的动态模型，我们将CIM核心概念划分为社会实体、物理实体、空间实体、信息实体、过程和监测感知。

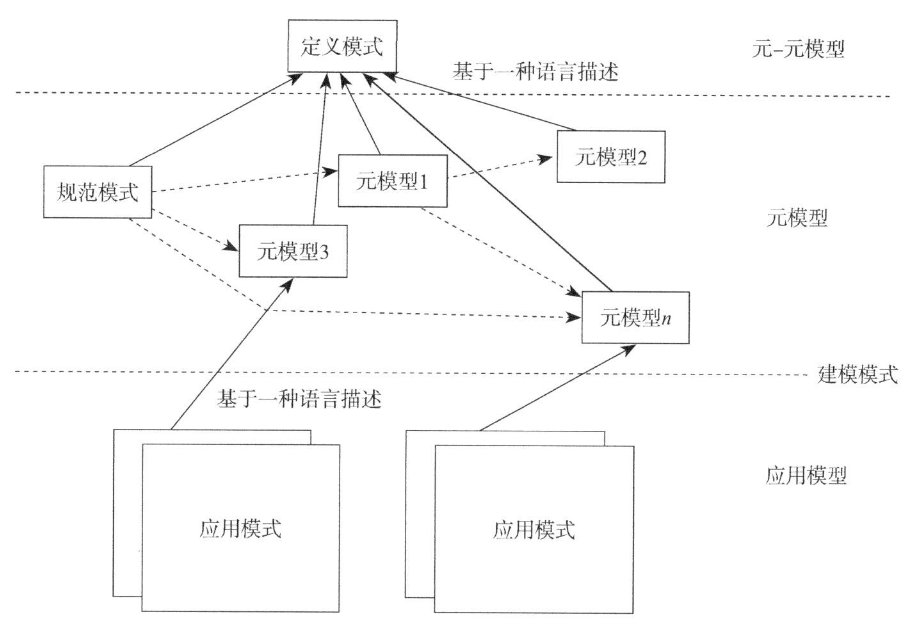

图4-5　概念模式建模方法的模式架构

4.2.2 CIM框架

由上述城市信息模型核心概念可建构CIM框架，见图4-6。其中，社会实体是指城市中社会层面的实体，包括自然人和组织两类概念。物理实体是指城市中客观存在于物理世界中的事物，包括建筑与设施（城市中人工建筑的物体及相关基础设施，如房屋、水利、交通、管线管廊和园林绿化等）和资源与环境（如国土资源、水资源、生态环境和地质资源环境等）。空间实体是城市中地球表面的一部分，包括现状空间和规划空间，现状空间指的是城市各种活动的现状载体，如国土空间和建筑内部空间等，规划空间是对一定时期内城市空间的经济和社会发展、土地利用、空间布局以及各项建设的综合部署、具体安排和实施管理，具体体现为总体规划、详细规划、专项规划，是支撑工程建设项目选址、审查的重要依据。信息实体是由社会实体、物理实体、空间实体、过程、事件等及其相关关系数字孪生形成的实体，具体表现为CIM数据及管理数据的CIM基础平台和其他应用系统等。过程指的是以工程建设项目为单元进行规划、建设、验收、管理、拆除或改造等协作活动，应包含立项用地规划、建设工程规划、施工建设、竣工验收、运营管理、拆除或改造六类概念。监测感知指对建筑与设施、资源与环境、现状空间进行监测感知的事件，应包含建筑监测、市政设施监测、气象监测、交通监测、资源环境监测、城市安防监控、建设与运营过程监测等七类概念。

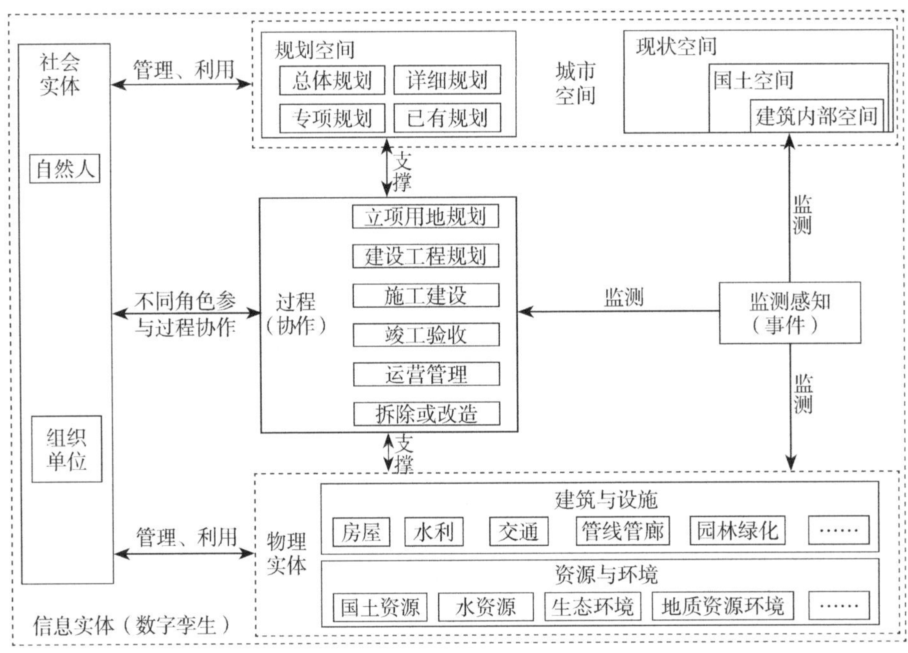

图4-6 城市信息模型（CIM）框架

在城市规划、建设和管理运营等需求驱动下，社会实体宜以不同角色管理和利用城市规划空间、现状空间、建筑与设施、资源与环境，参与以工程建设项目为单元开展的规划、建设和管理全周期协作过程，采用物联网等技术监测感知建筑与设施、资源与环境、现状空间和规划建设管理全过程，把握城市运行状态。社会实体、物理实体、城市空间、过程、事件等及其相关关系数字孪生形成了信息实体，共存于城市信息模型。

4.3 分类与编码

CIM本身是一个融合了亿量级城市数据的综合体，这些数据来源于社会、经济、人文等多个领域，数据种类繁杂、格式各异，每个行业领域往往制定了各自的标准规范，它们在协同参与CIM的应用服务过程中会存在重叠、层次交错、互相矛盾等问题。为解决此类问题，对CIM进行分类与编码显得尤为重要。本节在参考《建筑信息模型分类和编码标准》GB/T 51269—2017基础上，以领域扩展思路对CIM采用面分类法进行扩展分类，形成一套城市信息模型的分类与编码规则，可以有效解决CIM数据种类繁杂、交叉重叠的问题，提高数据可用性和数据使用效率。

4.3.1 CIM分类

CIM是BIM概念在城市范围内的扩展，建立CIM的初衷是应用CIM解决我国当前存在的城市治理体系和治理能力水平与日益增长的城市治理需求高度失衡的问题，提升我国城市精细化、智慧化治理水平。

《建筑信息模型分类和编码标准》GB/T 51269—2017中将BIM按建设成果、建设进程、建设资源、建设属性四大维度分类，CIM的分类维度在参考该内容的基础上新增了应用维度，将CIM按成果、进程、资源、特性和应用五大维度分类，见图4-7。各类内容包括大类和中类。参考《基础地理信息要素分类与代码》GB/T 13923—2022和《城市三维建模技术规范》CJJ/T 157—2010，成果维度在BIM分类基础上增加了模型内容，包括地形模型、水系模型、建筑模型、交通设施模型、管线管廊模型、植被模型、地质模型以及其他模型。因为CIM不仅定义建筑单体，还定义了城市和建筑的空间数据，数据繁杂、采集方式广泛，故进程维度在BIM分类的基础上增加了采集方式，包括遥感、航空摄影、勘察、地图矢量化和人工建模等，这些数据采集方式在后续CIM模型的创建过程中发挥了重要作用。自然资源部《国土空间调查、规划、用途管制用地用海分类指南（试行）》整合了原《土地利用现状分类》《城市用地分类与规划建设用地标准》《海域使用分类》等分类标准，建立了全国统一的国土空间用地、用海分类，为科学规划和统一管理自然资源、合理利用和保护自然资源，加快构建国土空间开发保护新格局奠定了重要工作基础。CIM分类参考该指南，在特性维度增加了用地类型，见图4-8。CIM作为智慧城市的数字底座，支撑和促进智慧城市创新发展，涉及行业众多，包括城乡建设、能源、水利、风景园林、生态环境等，CIM应用维度分类增加了行业大类。

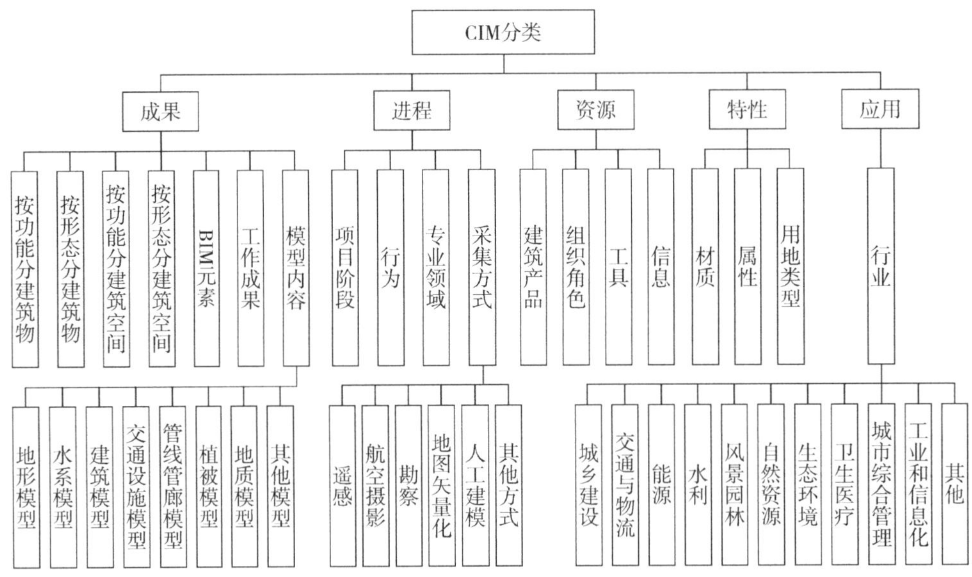

图4-7 CIM分类图

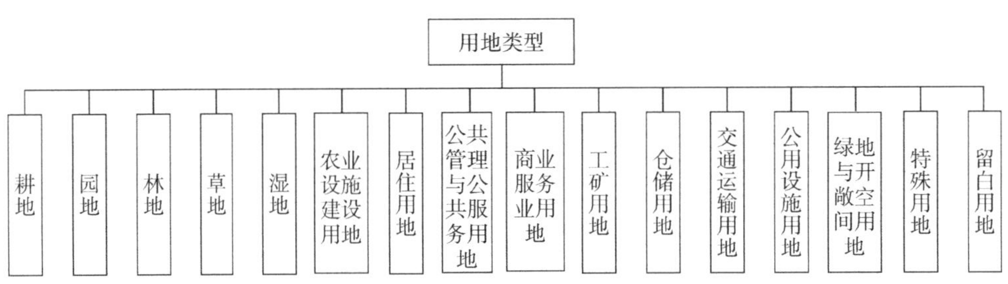

图4-8 用地类型分类图

4.3.2 CIM编码

CIM分类为其后续编码奠定了基础，CIM编码是将CIM分类的各类内容赋予具有一定规律、易于计算机和人识别处理的符号，使得CIM分类的各类内容有了身份标识。城市信息模型分类和编码方法符合现行国家标准《信息分类和编码的基本原则与方法》GB/T 7027的规定，为BIM/CIM的数据融合、共享、统计等多维度应用打下基础，通过软件引用编码标准，为用户提供应用价值。

1. CIM编码基本原则

信息编码基本原则见图4-9。

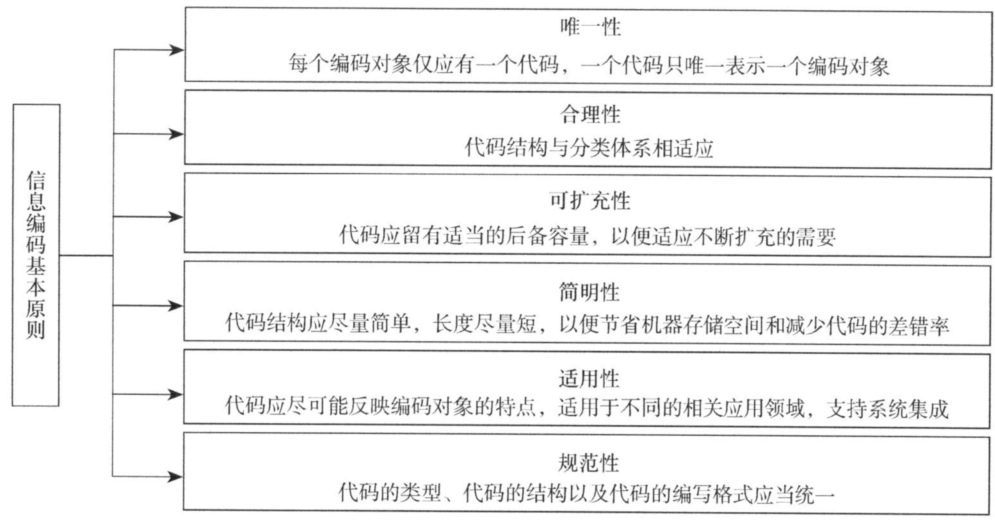

图4-9 信息编码基本原则

2. CIM编码方式

信息编码基于其分类方式，信息分类的基本方法有两种：线分类法与面分类法。线分类法按选定的若干属性（或特征）将分类对象逐次地分为若干层级，每个层级又分为若干类目。同一分支的同层类目之间构成并列关系，不同层级类目之间构成隶属关系。例如，我国行政区划编码（6位数字）采用线分类法，第1、2位表示省（自治区、直辖市），第3、4位表示地区（市、州、盟），第5、6位表示县（区、市、旗）的名称，见图4-10。线分类法层次清晰，能较好地反映类目之间的逻辑关系，但其结构弹性较差，分类结构一经确定，不易改动。

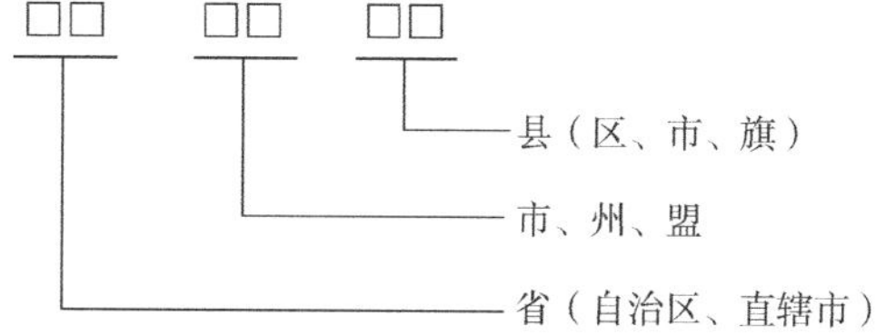

图4-10 线状编码示意图

面分类法也称平行分类法，它是把拟分类的商品集合总体，根据其本身固有的属性或特征，分成相互之间没有隶属关系的面，每个面都包含一组类目。面分类法具有类目可以较大量地扩充、结构弹性好、不必预先确定好最后的分组、适用于计算机管理等优点。结合城市信息模型的特点，考虑到城市信息模型编码的复杂性及以后的应用拓展性，城市信息模型分类应采用面分类法。

因此，CIM编码采用面状编码方式，由表代码和详细代码两部分组成，两部分用英文字符“-”进行连接，见图4-11。表代码应采用2位数字表示，详细代码由

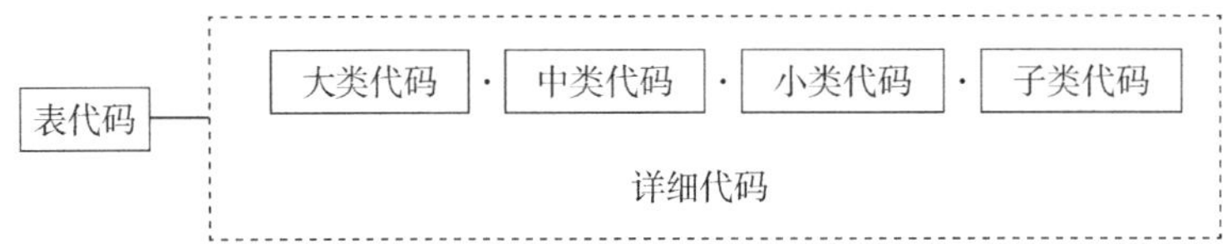

图4-11　CIM分类编码结构示意图

大类代码、中类代码、小类代码和子类代码组成，之间用英文字符“.”隔开。大类编码采用6位数字表示，前2位为大类代码，其余4位用“0”补齐；中类编码采用6位数字表示，前2位为大类代码，加中类代码，后2位用“0”补齐；小类编码采用6位数字表示，前4位为上位类，加小类代码；子类编码采用8位数字表示，在小类编码后增加两位子类代码。城市信息模型分类编码具体内容见表4-2。

城市信息模型分类编码内容　表4-2

表代码	分类名称	详细代码
10	按功能分建筑物	引用GB/T 51269—2017附录A.0.1的分类编码
11	按形态分建筑物	引用GB/T 51269—2017附录A.0.2的分类编码
12	按功能分建筑空间	引用GB/T 51269—2017附录A.0.3的分类编码
13	按形态分建筑空间	引用GB/T 51269—2017附录A.0.4的分类编码
14	BIM元素	引用 GB/T 51269—2017附录A.0.5的分类编码
15	工作成果	引用GB/T 51269—2017附录A.0.6的分类编码
16	模型内容	引用GB/T 13923—2017和CJJ 157的分类编码
20	工程建设项目阶段	引用GB/T 51269—2017附录A.0.7的分类编码
21	行为	引用GB/T 51269—2017附录A.0.8的分类编码
22	专业领域	引用GB/T 51269—2017附录A.0.9的分类编码
23	采集方式	—
30	建筑产品	引用GB/T 51269—2017附录A.0.10的分类编码
31	组织角色	引用GB/T 51269—2017附录A.0.11的分类编码
32	工具	引用GB/T 51269—2017附录A.0.12的分类编码
33	信息	引用GB/T 51269—2017附录A.0.13的分类编码
40	材质	引用GB/T 51269—2017附录A.0.14的分类编码
41	属性	引用GB/T 51269—2017附录A.0.15的分类编码
42	用地类型	引用自然资源部《国土空间调查、规划、用途管制用地用海分类指南（试行）》的用地分类代码
50	行业	—

《建筑信息模型分类和编码标准》GB/T 51269—2017编码体系齐全，在建设成果类，已有表代码10~15；在建设进程类，已有表代码20~22；在建设资源类，已

有表代码30~33；在建设属性类，已有表代码40~41。由于CIM的分类是参考建筑信息模型分类方法进行扩充分类，CIM的编码方式应遵循一致性沿用相应编码方法，在其基础上进行扩充，例如对成果类的模型内容增加表代码16、进程中的采集方式增加表代码23、属性类的用地类型增加表代码42以及应用类的行业增加表代码50。

3. CIM分类编码扩展原则

城市信息模型中信息的分类需符合可扩延性、兼容性和综合实用性原则，以保证增加新的事物或概念时，不打乱已建立的CIM分类体系，同时与国家相关标准协调一致，并符合实际需求。扩展分类和编码时，标准中已规定的类目和编码应保持不变；扩展各层级类目代码时，应按照CIM分类编码方法规定执行。例如，随着城市信息模型的应用和发展，如果CIM分类在原有的五大维度基础上继续扩充分类维度，多扩充一个分类维度，相应的表代码应从60开始扩充，如果扩充两个分类维度，则继续从70开始扩充，并以此类推。如果CIM分类只在其中某一分类维度所属的大类中扩充内容，如属性内容继续扩充，相应的表代码则从42继续向后扩充。此分类编码扩展原则为城市信息模型分类编码扩展提供了依据和保障。

4.4 分级与表达

城市信息模型的分级，有利于后续创建符合应用需求的城市信息模型，可使应用城市信息模型的工作更有针对性，同时提高工作效率，减少不必要的投入和浪费。城市信息模型已有两种分级方式，一种是从显示角度考虑的表达分级，主要参照《公共服务电子地图瓦片数据规范》GB/T 35634—2017和《建筑信息模型设计交付标准》GB/T 51301—2018将CIM分为24级；另一种是从数据源精细度考虑的存储分级，参照《城市三维建模技术规范》CJJ/T 157—2010和《建筑信息模型设计交付标准》GB/T 51301—2018将CIM分为7级。

4.4.1 城市信息模型表达分级

《公共服务电子地图瓦片数据规范》GB/T 35634—2017将电子地图瓦片数据分为1~20级。《建筑信息模型设计交付标准》GB/T 51301—2018将BIM模型按照模型精细度分为4级，分别为：项目级BIM（LOD1.0）、功能级BIM（LOD2.0）、构件级BIM（LOD3.0）和零件级BIM（LOD4.0）。城市信息模型分级遵循《公共服务电子地图瓦片数据规范》GB/T 35634—2017和《建筑信息模型设计交付标准》GB/T 51301—2018规定，扩展电子地图瓦片数据分级，从原有的20级扩展至24级，其中，1~20级在《公共服务电子地图瓦片数据规范》GB/T 35634—2017中是二维GIS

的分级规定，在CIM的表达分级中，从CIM14级开始加入三维模型，参照《城市三维建模技术规范》CJJ/T 157—2010，将三维模型精细度分成Ⅰ至Ⅳ级4个层次，CIM14至15级对应Ⅰ级模型，CIM16至17级对应Ⅱ级模型，CIM18至19级对应Ⅲ级模型，CIM20至21级对应Ⅳ级模型，CIM21至24级精细度（LOD）与《建筑信息模型设计交付标准》GB/T 51301—2018中BIM精细度一致，对应项目级BIM、功能级BIM、构件级BIM和零件级BIM4级。该种类似于金字塔式的显示分级方式可使CIM无缝集成二维空间信息、三维模型和BIM等数据实现二维、三维一体化。CIM二维、三维一体化的显示分级规定见表4-3。

二维、三维一体化的显示分级规定　　表4-3

级别	分辨率（米/像素）	显示比例尺	数据源比例尺	表达内容
1	78271.52	1：295829355.45	1：500万	世界平面地图，全球大洲大洋
2	39135.76	1：147914677.73	1：500万	同上一级
3	19567.88	1：73957338.86	1：500万	增加重要山脉、水系等
4	9783.94	1：36978669.43	1：100万	增加国家疆界
5	4891.97	1：18489334.72	1：100万	增加重要地形等
6	2445.98	1：9244667.36	1：100万	增加大型山脉、水系等
7	1222.99	1：4622333.68	1：100万	同上一级
8	611.50	1：2311166.84	1：50万	增加国家一级行政区、山脉、水系等
9	305.75	1：1155583.42	1：50万	同上一级
10	152.87	1：577791.71	1：25万	增加国家二级行政区、山脉、水系、重要地理要素等
11	76.44	1：288895.85	1：25万	增加重要城市、交通干线
12	38.22	1：144447.93	1：10万	增加三级行政区划、一般城市、交通线等
13	19.11	1：72223.96	1：5万	增加四级行政区划、总体规划，城市交通线等
14	9.55	1：36111.98	1：1万	增加建成区、地名等，Ⅰ级三维模型
15	4.78	1：18055.99	1：1万	同上一级，Ⅰ级三维模型
16	2.39	1：9028.00	1：5000	增加城市水系、建筑、重要设施等，以及专项规划、详细规划等，Ⅱ级三维模型
17	1.19	1：4514.00	1：5000	同上一级，Ⅱ级三维模型
18	0.60	1：2257.00	1：2000	增加城市设施（城市部件）、地名地址等，Ⅲ级三维模型
19	0.30	1：1128.50	1：1000	增加工程建设项目规划、建设和竣工等信息，Ⅲ级三维模型
20	0.15	1：564.25	1：500	增加其他城市要素，Ⅳ级三维模型
21	0.075	1：282.125	—	项目级BIM或Ⅳ级三维模型
22	0.045	1：141.0625	—	功能级BIM
23	0.015	1：35.2656	—	构件级BIM
24	0.003	1：17.6328	—	零件级BIM

根据CIM二维、三维一体的分级规定，随CIM级别的升高与比例尺的增大生成由粗到细不同分辨率的影像，形成了一种数据金字塔的结构，金字塔的顶部图像分辨率最低、数据量最小，底部分辨率最高、数据量最大，见图4-12。

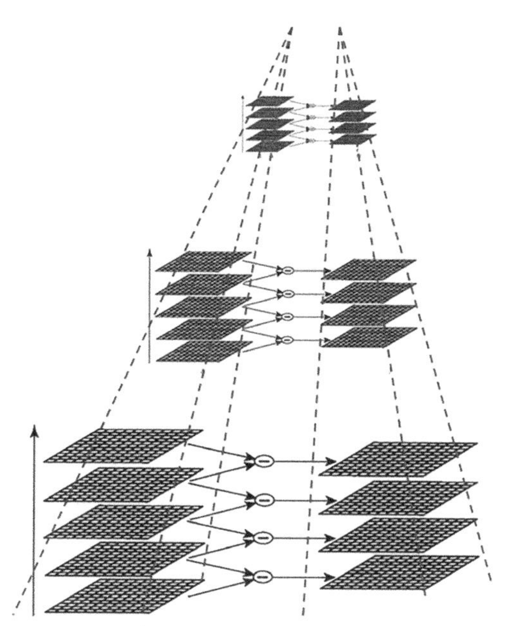

图4-12 金字塔式分级管理

4.4.2 城市信息模型存储分级

《建筑信息模型设计交付标准》GB/T 51301 —2018中将模型几何精度和属性深度划分为四个级别，前者定义了模型几何精度表达需求，后者说明了模型属性深度表达需求。《城市三维建模技术规范》CJJ/T 157—2010按表现细节的不同，将城市三维模型分为LOD1、LOD2、LOD3、LOD4四个细节层次，从不同的细节层次展现了地形模型、建筑模型、交通设施模型、管线模型和植被模型的特征。CIM的存储分级参照《城市三维建模技术规范》CJJ/T 157—2010和《建筑信息模型设计交付标准》GB/T 51301—2018，将城市三维模型与BIM模型的分级及精细度衔接起来，其中前四个级别对应城市三维模型的分级，后四个级别对应BIM模型的分级，由于城市三维模型的精细模型与建筑信息模型的项目级模型所规定模型精细度大致相同，故将二者合为同一级别，形成现有的7级模型。为便于实际应用，CIM7级模型规定了每级模型的主要内容、模型的特征、数据源的精细度等内容，具体分级内容见表4-4。

城市信息模型存储分级 表4-4

级别	名称	模型主要内容	模型特征	数据源精细度
1	地表模型	行政区、地形、水系、居民区、交通线等	DEM和DOM叠加实体对象的基本轮廓或三维符号	小于1：10000
2	框架模型	地形、水利、建筑、交通设施、管线管廊、场地、地下空间、植被等	实体三维框架和表面，包含实体标识与分类等基本信息	1：5000~1：10000
3	标准模型	地形、水利、建筑、交通设施、管线管廊、场地、地下空间、植被等	实体三维框架、内外表面	1：500～1：2000
4	精细模型	地形、水利、建筑外观及建筑分层分户结构、交通设施、管线管廊、场地、地下空间、植被等	实体三维框架、内外表面细节，包含模型单元的身份描述、项目信息、组织角色等信息	1：500～1：250
5	功能模型	建筑、设施、管线管廊、场地、地下空间等要素及其主要功能分区	满足空间占位、功能分区等需求的几何精度，包含和补充上级信息，增加实体系统关系、组成及材质，性能或属性等信息	G1~G2，N1~N2
6	构件模型	建筑、设施、管线管廊、地下空间等要素的功能分区及其主要构件	满足建造安装流程、采购等精细识别需求的几何精度（构件级），宜包含和补充上级信息，增加生产信息、安装信息	G2~G3，N2~N3
7	零件模型	建筑、设施、管线管廊、地下空间等要素的功能分区、构件及其主要零件	满足高精度渲染展示、产品管理、制造加工准备等高精度识别需求的几何精度（零件级），宜包含和补充上级信息，增加竣工信息	G3~G4，N3~N4

建筑信息模型单元几何精度和属性深度等级内容见表4-5。

建筑信息模型单元几何精度与属性深度的等级划分 表4-5

几何精度等级	几何精度表达要求	属性深度等级	属性深度表达要求
G1	满足二维化或者符号化识别需求的几何精度表达	N1	宜包含模型单元的身份描述、项目信息、组织角色等信息
G2	满足空间占位、主要颜色等粗略识别需求的几何精度表达	N2	宜包含和补充N1等级信息，增加实体系统关系、组成及材质，性能或属性等信息
G3	满足建造安装流程、采购等精细识别需求的几何精度表达	N3	宜包含和补充N2等级信息，增加生产信息、安装信息
G4	满足高精度渲染展示、产品管理、制造加工准备等高精度识别需求的几何精度表达	N4	宜包含和补充N3等级信息，增加竣工信息

CIM1级模型应根据实体对象的基本轮廓和高度生成三维模型或符号，可采用GIS数据生成；CIM2级模型应表达实体三维框架和表面的基础模型，表现为无表面纹理的“白模”，可表达建筑单体（“房屋栋”），可采用倾斜摄影和卫星遥感等方

式组合建模；CIM3级模型应表达实体三维框架、内外表面的标准模型，表面凸凹结构边长大于0.5m（含0.5m）应细化建模，表现为统一纹理的“标模”，可采用激光雷达、倾斜摄影等方式组合建模；CIM4级模型应表达实体三维框架、内外表面细节的精细模型，表面凸凹结构边长大于0.2m（含0.2m）应细化建模，表现为与实际纹理相符的“精模”，可采用激光雷达、倾斜摄影等方式组合建模；CIM5级模型应满足模型主要内容空间占位、功能分区等需求的几何精度（功能级），对应建筑信息模型几何精度G1~G2级、属性深度N1~N2级，可表达建筑分层分户（“房屋套”），表面凸凹结构边长大于0.05m（含0.05m）应细化建模，可采用BIM、激光点云等方式组合建模；CIM6级模型应满足模型主要内容建造安装流程、采购等精细识别需求的几何精度（构件级），对应建筑信息模型几何精度G2~G3级、属性深度N2~N3级，表面凸凹结构边长大于0.02m（含0.02m）应细化建模，可采用BIM、激光点云等方式组合建模；CIM7级模型应满足模型主要内容高精度渲染展示、产品管理、制造加工准备等高精度识别需求的几何精度（零件级），对应建筑信息模型几何精度G3~G4级、属性深度N3~N4级，表面凸凹结构边长大于 0.01m（含0.01m）应细化建模，可采用BIM、激光点云等方式组合建模。

4.4.3 分级关联说明

CIM24级分级方式从数据表现模型角度出发，侧重于各种级别的模型内容显示，表达内容更细化，但对于城市信息模型的实际应用显得有些复杂。CIM7级分级方式从计算机的组织存储、模型创建角度出发，对于应用城市信息模型表达实际需求更具有实用性。两种分级方式具有很强的关联性，其对应关系示意见图4-13。

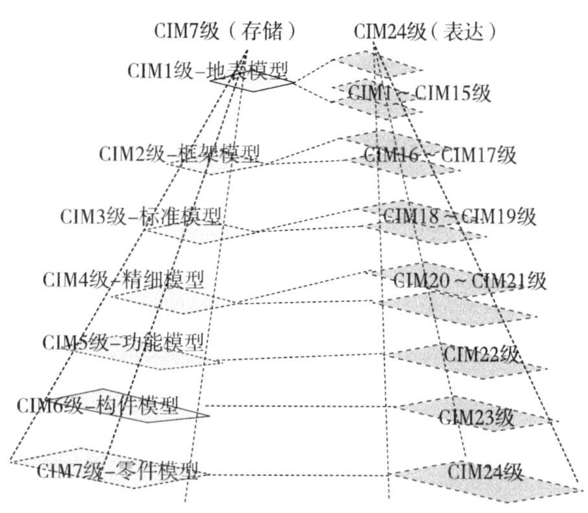

图4-13 两种分级方式对比示意图

4.5 模型元数据

CIM元数据，即描述CIM数据的数据，主要规定CIM数据集的描述方法和内容，提供有关CIM数据的标识、覆盖范围、质量、空间和时间模式、空间参照系和分发等信息，适用于CIM数据集元数据整理、管理、汇编、服务和交换。

4.5.1 元数据概述

CIM数据的元数据由多个元数据子集构成，元数据子集由相关的元数据实体和元数据元素组成。CIM数据定义了7个元数据子集：核心元数据信息、标识信息、数据质量信息、空间参照系统信息、内容信息、分发信息以及负责单位联系信息。元数据子集及其简要说明见表4-6，元数据子集实体、元素及其简要描述见表4-7。

元数据子集及其简要描述　　表4-6

名称	简要描述
核心元数据信息	关于元数据的信息
标识信息	唯一标识数据集的信息
数据质量信息	数据集质量的总体评价
空间参照系统信息	数据集使用的空间参照系统的说明
内容信息	数据集内容的描述
分发信息	关于数据集的分发者及数据获取方式的信息
负责单位联系信息	负责单位及其联系地址、电话、电子信箱地址、网址等信息

CIM元数据子集实体、元素及其简要描述　　表4-7

子集	实体	元素	简要说明
核心元数据信息	—	日期	元数据发布或最近更新的日期
	—	标识符	元数据文件标识符
	—	名称	执行的元数据标准名称
	—	版本	执行的元数据标准版本
	—	语种	元数据采用的语言
	联系单位信息	（见负责单位联系信息）	元数据负责单位的联系信息

续表

子集	实体	元素	简要说明
标识信息	数据集引用	名称	数据集的名称
		日期	数据集的发布或最近更新日期
		摘要	数据集内容的概要说明
		目的	资源开发目的的说明
		现状	数据集的现状
	—	关键词	描述资源主题的通用词和短语
	—	字符集	数据集采用的字符编码的标准
	地理范围	西边经度	数据集覆盖范围最西边的经度坐标
		东边经度	数据集覆盖范围最东边的经度坐标
		南边纬度	数据集覆盖范围最南边的纬度坐标
		北边纬度	数据集覆盖范围最北边的纬度坐标
		地理标识符	说明数据集空间范围约定俗成的或众所周知的地点或区域名
	时间范围	起始时间	数据集原始数据生成或采集的起始时间
		终止时间	数据集原始数据生成或采集的终止时间
	垂向范围	最小垂向坐标值	数据集中最小高程或深度
		最大垂向坐标值	数据集中最大高程或深度
		计量单位	高程或深度值的计量单位
	—	表示方式	表示信息的方法
	—	空间分辨率	数据集空间数据密度的参数
	—	地面分辨率	格网数据的地面间隔或影像数据的地面分辨率
	—	类别	数据集专业或专题内容的类别代码
	—	影像轨道标识	影像覆盖的列和行标识
	数据集联系信息	（见负责单位联系信息）	与数据集有关的单位联系信息
	静态浏览图	文件名称	静态浏览图的文件名
	数据集限制	使用限制代码	使用数据集时涉及隐私权、知识产权的保护，或任何特定的约束、限制或注意事项
	数据集格式	安全等级代码	数据格式的版本号
数据质量信息	—	概述	数据集质量的定性和定量的概括说明
	—	数据志	从数据源到数据集现状的演变过程的说明
空间参照系统信息	SI基于地理标识的空间参照	名称	基于地理标识的空间参照系统名称
	SI 基于坐标的空间参照	大地坐标参照系统名称	大地坐标参照系统名称
		坐标系统类型	坐标系统类型名称
		坐标系统名称	坐标系统名称
		投影参数	投影坐标系统的参数说明

续表

子集	实体	元素	简要说明
内容信息	—	图层名称	矢量数据集所包含的图层名称
		要素（实体）类型名称	具有同类属性的要素（实体）类名称
		属性列表	描述要素（实体）类主要属性内容的文字表述
		栅格/影像内容描述	栅格或影像数据集的内容（属性）描述
分发信息	数字传输选项	在线连接	可以获取数据集的在线资源信息
	格式	分发格式	分发数据的格式说明
	分发者	（见负责单位联系信息）	可以获取数据的单位联系信息
负责单位联系信息	—	负责单位名称	负责单位的名称
	—	联系人	联系人姓名
	—	职责	负责单位的职责
	—	电话	负责单位或联系人的电话号码
	—	传真	负责单位或联系人的传真号码
	—	通信地址	负责单位或联系人的通信地址
	—	邮政编码	邮政编码
	—	电子信箱地址	负责单位或联系人的电子信箱地址
	—	网址	网络的地址

4.5.2 元数据实例

掌握CIM模型的元数据内容构成是应用模型的基础。本节以CIM模型及监测感知所涉及的元数据为例对元数据内容作简要描述。模型元数据内容见表4-8，物联感知监测元数据内容见表4-9。随着CIM数据的发展和应用需求的变化，CIM模型元数据会在原有基础上进行扩展。

模型元数据内容 表4-8

序号	字段名称	中文名称	数据类型
1	MXMC	模型名称	Char
2	MXWZ	模型位置	Char
3	BHZY	包含专业	Char
4	JD	经度	Float
5	WD	纬度	Float
6	MXJB	模型级别	Char
7	MXCJSJ	模型创建时间	Char
8	MXCJGJ	模型创建工具	Char
9	MXCJZ	模型创建者	Char
10	MXCJGS	模型创建格式	Char

物联感知监测元数据内容　　表4-9

序号	字段名称	中文名称	数据类型
1	JCYT	监测用途	Char
2	JCZB	监测指标	Char
3	JCD	监测点	Char
4	JCDBH	监测点编号	Char
5	JD	经度	Float
6	WD	纬度	Float
7	JCYQMC	监测仪器名称	Char
8	JCGLMX	监测关联模型	Char
9	CJPL	采集频率	Char
10	CJRQ	采集日期	Date
11	JCDWMC	监测单位名称	Char
12	JCDWDH	监测单位电话	Char
13	JCDWFZR	监测单位负责人	Char
14	JCDWDZ	监测单位地址	Char
15	JCDWDZYJ	监测单位电子邮件	Char

4.5.3　元数据扩展与管理

1. 元数据扩展

CIM元数据在不同行业、不同地区的应用需求可能发生变化，需根据需求在应用中对元数据进行补充。在对元数据内容进行扩展时，既要考虑CIM在应用中的特点以及工作的复杂、难易程度，又要充分满足应用建设以及用户的查询、提取数据等需求，并遵循相应的扩展原则。元数据扩展可参考下列类型进行，见图4-14。

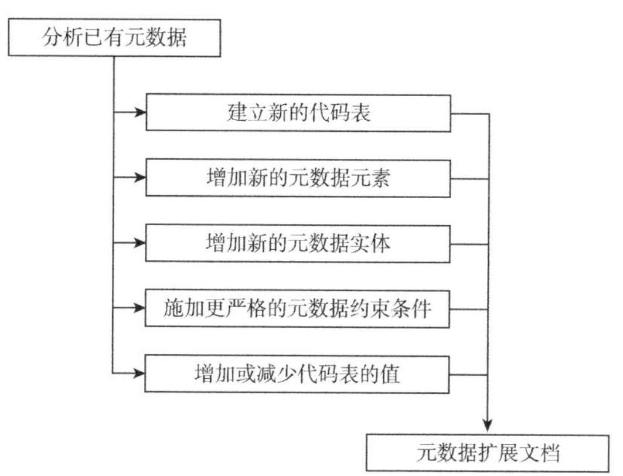

图4-14　元数据扩展

2. 元数据管理

城市信息模型生产、更新和管理过程中，应同步建立、更新并管理维护相应的元数据。元数据管理的范围涵盖数据产生、数据存储、数据加工和可视化表达等各个环节的数据描述信息，帮助用户理解数据来龙去脉、关联关系及相关属性。按数据描述对象的不同可以划分为三类元数据：技术元数据、业务元数据和管理元数据。这三种元数据的具体描述如下：

（1）技术元数据：技术元数据指描述CIM数据中技术领域相关概念、关系和规则的数据，主要包括对数据结构、数据处理方面的特征描述；

（2）业务元数据：业务元数据是描述CIM数据中业务领域相关概念、关系和规则的数据，主要包括业务术语、信息分类、指标定义和业务规则等信息；

（3）管理元数据：管理元数据是描述CIM数据中管理领域相关概念、关系和规则的数据，主要包括人员角色、岗位职责和管理流程等信息。

元数据管理涉及三个方面：

（1）数据采集：指从各种工具中把各种类型的元数据采集进来，数据采集是元数据管理的第一步；

（2）数据存储：采集之后需要相应的存储策略来对元数据进行存储，这需要在不改变存储架构的情况下扩展元数据存储的类型；

（3）管理和应用：在采集和存储完成后，对已经存储的元数据进行管理和应用。

元数据管理主要有两种方法：

（1）对于相对简单的环境，按照通用的元数据管理标准建立一个集中式的元数据知识库。

（2）对于比较复杂的环境，分别建立各部分的元数据管理系统，形成分布式元数据知识库，然后，通过建立标准的元数据交换格式，实现元数据的集成管理。

元数据管理系统可以实现针对元数据的基本管理功能。如元数据的添加、删除、修改属性等维护功能；元数据之间关系的建立、删除和跟踪等关系维护功能；提供元数据发布流程管理，可以更好地管理和跟踪元数据的整个生命周期；元数据自身质量核查、元数据查询、元数据统计、元数据使用情况分析、元数据变更、元数据版本和生命周期管理等功能。

第5章 CIM数据与平台

本章详细探讨CIM标准体系中的数据资源类、获取处理类、基础平台类等标准相关内容，包括CIM数据构成、数据采集获取、模型加工与处理、CIM基础平台及其管理运维等内容。

5.1 CIM数据构成与模型处理流程

5.1.1 CIM数据构成

CIM数据构成是从CIM信息分类中抽取的部分维度的主要数据，不是完整的分类体系，如按照CIM信息分类来归纳整理数据构成的话，数据构成将是多种构成方式。本书的CIM数据构成基于CIM信息分类，结合CIM框架提出空间基础与资源调查数据、空间管控数据、工程建设项目数据、社会经济数据、物联感知数据五大门类数据。CIM数据构成见图5-1。

由第4章中CIM框架可知，城市信息模型应由社会实体、物理实体、城市空间、过程（协作）、监测感知（事件）及其相关关系数字孪生形成的信息实体组成。CIM数据是社会、物理、空间、过程、监测感知等实体实例持久化产生的各类数值的集合。其中，空间基础与资源调查数据是物理实体中建筑与设施、资源与环境概

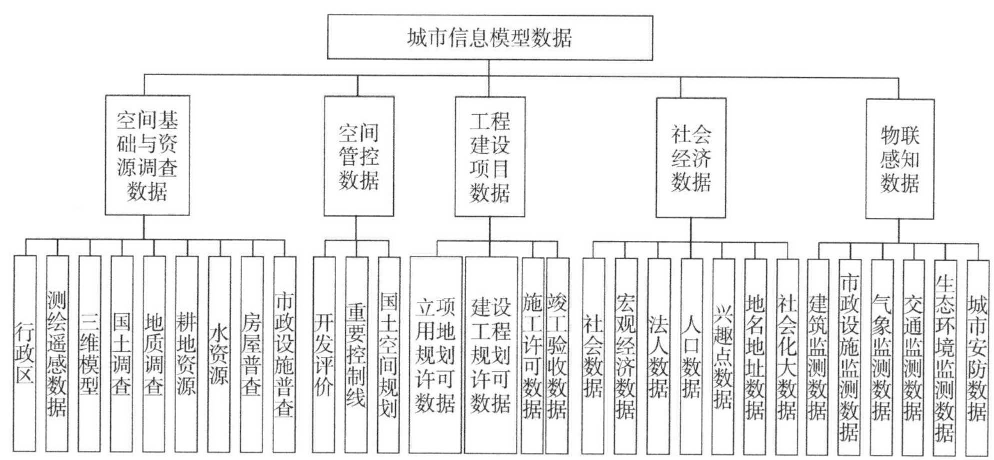

图5-1 CIM模型数据构成

念的实例化；空间管控数据是城市空间中规划空间概念的实例化；工程建设项目数据是过程概念的实例化；社会经济数据是社会实体概念的实例化；物联感知数据是监测感知概念的实例化。

空间基础与资源调查数据是反映城市历史和现状的各类数据的集合。空间管控数据为行政审批和国土空间用途管制提供管控数据依据，是各类开发保护建设活动的基本依据。工程建设项目审批流程主要划分为立项用地规划许可、建设工程规划许可、施工许可、竣工验收四个阶段，因而工程建设项目数据来自于这四个阶段。社会经济数据是关系社会、经济、民生等状况的各类数据集合，通过接入社会经济数据，建立社会经济数据与基础地理实体之间的关联关系，实现各类社会经济数据的融合和联动。物联感知数据是指各种公共设施及各类专业传感器感知的具有时间标识的即时数据，通过承载和打通物联网设备信息的海量动态城市数据，为城市的智慧运营提供数据基础，提升城市智能感知预警能力。

5.1.2 模型处理总体流程

为城市信息模型平台提供合格的模型产品，需要制定相应流程来规范城市信息模型数据的加工与处理。模型处理总体流程涉及数据采集、模型加工与处理、模型轻量化处理以及模型审核等内容。数据采集涵盖工程建设项目各阶段数据、二维和三维数据，可通过DEM、DOM、卫星影像、航空摄影、倾斜摄影、人工建模、BIM建模等方式获取，对采集好的数据进行分类和分级，便于后续的模型加工处理，模型加工处理后再进行轻量化处理。模型轻量化环节对CIM进行多细节层级数据组织及渲染组织，以提高各类显示终端上大规模CIM渲染效果与运行性能。最后进行模型审核，其审核内容包括完整性审核、一致性审核和合规性审核。城市信息模型处理流程见图5-2。

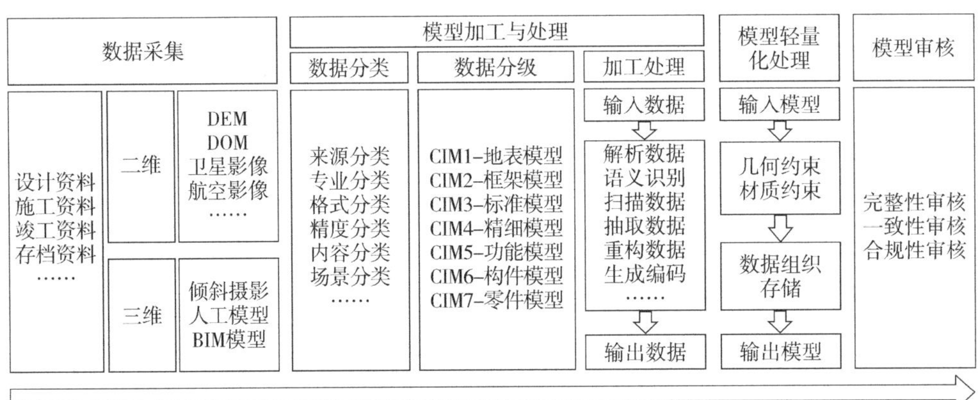

图5-2 城市信息模型处理流程图

5.2 数据采集获取

CIM数据主要包括空间基础与资源调查数据、空间管控数据、工程建设项目数据、社会经济数据和物联感知数据等。该数据不仅包括传统测绘数据、新型测绘数据等常规GIS数据类型，也包括基于互联网的地理位置数据，基于移动互联网或者物联网的实时流数据，基于倾斜摄影、BIM、激光点云的三维模型数据，基于非结构化的视频、图片、文档等多种新型数据来源。

CIM数据主要通过实地观测、遥感影像、数字化、倾斜摄影等方式采集获取。随着互联网、移动互联网、物联网等信息技术的发展，CIM数据的采集方式越来越高效、便捷。依托城市级物联网监测网络实现对城市海量异构多源数据实时采集获取，以及对城市人口、法人、地理信息、宏观经济和城市运行状态等信息的汇聚。

5.2.1 二维数据

CIM二维数据可通过DEM、DOM、卫星影像、航空摄影等方式获取。二维数据类型主要有栅格数据和矢量数据。

1. 栅格数据

栅格数据是将空间分割成有规律的网格，每一个网格称为一个单元，在各单元上赋予相应的属性值来表示实体的一种数据形式。以规则的阵列来表示空间地物或现象分布的数据组织，组织中的每个数据表示地物或现象的非几何属性特征。栅格数据主要包括DEM、地形数据、城市相关行业数据（如气象、国土、环境监测）以及遥感数据等。基于栅格数据的结构特征，它具有结构简单、格式强大、对复杂数据集可叠加分析等优势。

栅格数据有以下几种获取方式：①地图扫描：通过扫描仪，特别是大幅面扫描仪可以快速获取大量基于栅格格式的地图扫描图像。②遥感图像解译：遥感是一种实时、动态地获取地表信息的手段，目前已经广泛地应用于各个领域。图像是遥感数据的主要表现形式，通过对图像进行解译处理，可以得到各种专题信息，如土地利用、植被覆盖等，这些专题信息通常就是以栅格数据的格式在地理信息系统中进行存储管理。③规则点采样：当研究区域不大、数据分辨率要求不高时，可采用规则点采样。首先要将研究区域划为均匀的网格，然后得到并记录每个网格的数值，即该区域的栅格数据。④不规则点采样及内插：由于条件的限制，规则布点的采样不太容易实现，采样点可以不均匀分布，每个栅格点的数值可通过内插计算得到，常用的内插计算有三角网插值、趋势面拟合、克里格插值等。除了上述方式可以得到原始的栅格数据之外，也可以通过矢量转栅格运算、栅格图层的运算得到派生的栅格数据。

2. 矢量数据

矢量数据是以坐标或有序坐标串表示的空间点、线、面等图形数据及其相联系的有关属性数据的总称，矢量数据结构是对矢量数据模型进行数据的组织。通过记录实体坐标及其关系，尽可能精确地表现点、线、多边形等地理实体，坐标空间设为连续，允许任意位置、长度和面积的精确定义，矢量数据结构直接以几何空间坐标为基础，记录取样点坐标。矢量结构具有定位明显、属性隐含等显著特点。矢量数据主要是指基础地理数据，像行政边界、水系、道路、居民地等。基础地理数据常用于城市基础信息底图制作，为城市规划、建设与管理提供数据支撑。

矢量数据有以下几种获取方式：①外业测量：利用各种定位仪器设备采集空间坐标数据，如GPS、平板测图仪等，利用它们可以测得地面上任意一点的地理坐标，从而可以用来描述点、线、面地理实体的空间位置量。②矢量化：由栅格形式的空间数据转换获得，栅格数据结构向矢量数据结构的转换又称为矢量化。可以将卫星测地、扫描数字化仪扫描、航摄像片等数据转化为矢量数据。③纸质地图数字化：通常的数字化方式有手扶跟踪数字化和扫描矢量化两种方式。④模型运算：利用已有的数据通过模型运算得到，如叠加复合分析、缓冲区分析等空间模型运算都可以生成新的矢量数据。矢量数据精度较高，坐标信息准确，便于空间分析计算，特别是网络分析。

5.2.2 城市三维模型数据

城市三维模型数据包含地形模型数据、建筑模型数据、交通设施模型数据、管线模型数据、植被模型数据及其他模型数据。数据类型主要有框架数据、材质纹理数据以及属性数据。

1. 框架数据

框架数据可以从已有的DLG、DEM、DOM、管线普查和竣工测量等勘测资料中提取，也可实地采集。地形模型的框架数据可以从DEM、地形图中提取或采用测量方法采集；建筑模型的框架数据可以从DLG数据中提取，或采用测量方法采集建筑物及其附属设施的位置、高度和几何形态信息，也可利用设计资料获取；交通设施模型的框架数据可以从DLG数据中提取，或采用测量方法采集交通设施的位置、高度和几何形态信息，也可利用设计资料获取；管线模型的框架数据可利用管线普查和竣工测量等方式提取管线位置和高程信息；植被模型的框架数据可从DLG数据提取或采用测量方法采集植被模型的位置、高度等信息，也可通过拍照的方式获取植被覆盖的空间形态；其他模型的框架数据可从DLG数据中提取，或采用测量方法采集相应要素的位置、高度和几何形态信息。

2. 材质纹理数据

材质纹理数据是反映城市信息模型的主要数据之一，应包括地表影像信息、建（构）筑物屋顶和外立面影像信息、交通设施表面影像信息、植被表面影像信息及其他地物的编码影像信息。

采集材质纹理数据时，地形模型的材质纹理数据可采用城市DOM数据，地形材质纹理可采取实地拍照方式采集；建筑模型的外立面材质纹理可采用倾斜摄影、激光点云等遥感技术或实地拍照方式采集，顶部纹理可利用DOM数据或采用实地拍照方式采集；交通设施模型的材质纹理可采用倾斜摄影、激光点云等遥感技术或实地拍照方式采集，路面标线材质纹理可利用DOM数据提取，也可采用实地拍照方式采集；管线模型的材质纹理可采用图像处理方式制作；植被模型的材质纹理可采用实地拍照方式采集或制作材质库；其他模型的材质纹理可采用倾斜摄影、激光点云等遥感技术或实地拍照方式采集，也可以采用图像处理方式制作。

3. 属性数据

属性数据应依据三维模型的应用需要进行采集，可包括场地的名称、类型、功能、占地面积、建成时间等；建筑物的名称、权属单位、建筑层数、建筑结构、建筑性质、建筑面积、停车位、建成时间、建筑物附属设施等；交通设施的名称、道路等级、道路宽度、建成时间等；水系的名称、类型、附属设施等；植被的名称、种类、树龄、权属单位等；管线的类型、材料、埋设方式、断面尺寸、权属单位等；城市部件的名称、类型等；其他模型对应的名称、权属单位等。

每个建模地物均应具有相应的属性，属性数据采集宜与其他数据的采集同步进行。属性数据的获取可以通过利用已有的城市基础地理信息资料和其他统计资料提取，也可采用实地调查方式采集。实地调查采集数据应进行校核检查，保证建模地物的属性信息正确完整。

4. 倾斜摄影

在城市数字底板建设过程中，早期数据获取及生产主要依靠手工，生产成本高、周期长，成为数字城市建设的一大阻碍。随着倾斜摄影技术的出现，大大降低了城市三维数据生产的人工成本和时间周期，推动了三维数据的大范围推广及应用，为智慧城市建设提供了丰富的数据基础。倾斜摄影不同于传统的垂直摄影，它通常通过在无人机等飞行设备上搭载高分辨率、多镜头的相机，多方位同时采集建筑物的顶面和侧面信息，而垂直摄影只能从垂直角度进行影像采集，这样倾斜摄影采集的数据就更加接近人类的视觉习惯，更容易被大众接受。

倾斜摄影技术是指在同一载体上搭载多台传感器，并同时从五个角度（一个垂直角度，四个倾斜角度）采集影像，获取地物信息的一项技术（图5-3）。拍摄相片时同时记录航高、航速、航向和旁向重叠、坐标等参数。然后对倾斜影像进行分析和整理，获取地面物体更为完整、准确的信息。基于倾斜摄影测量进行快速自动三维模型构建，对获得的倾斜影像、街景数据、照片等数据进行几何处理、多视角匹配、三角网构建、自动赋予纹理等步骤，最终得到三维模型，即倾斜摄影数据模型，数据格式一般为osjb。

图5-3 倾斜摄影示意图

倾斜摄影模型具有拟真程度高、建设周期更短、费用成本低等显著特点，且最大限度地保存了目标区域的色调，反映地物周边真实情况。倾斜摄影技术采集得到的三维数据体现了真实性、高效性、高性价比等特点，能更加直观、准确的读取目标物的外观纹理、地理位置、高度等属性，而且输出的数据是带有空间位置信息的可量测的影像数据，同时使用倾斜影像可以批量提取目标物体轮廓线，大大降低建筑建模的成本。目前倾斜摄影技术已经广泛应用于国土资源管理、地理环境监测、数字城市建设等领域。但倾斜摄影技术在建筑数据采集的应用中也存在一些问题，由于倾斜摄影是多视角影像，覆盖面积大，在影像匹配时可能存在很多冗余信息，造成后期影像匹配困难。而且，倾斜摄影技术在拍摄整体时，部分地方会存在模型缺失或失真等问题，还需用人工相机补测。

5.2.3 物联监测感知数据

物联监测感知是数据采集的主要手段，通过城市中成百上千的感知系统来提取底层数据，为模型的建立服务。物联感知数据展现了城市的鲜活状态，是城市信息模型数据的重要组成部分，是表达与城市实时感知的重要体现。信息的采集是物联网主要的数据来源，物联网的各种应用都是通过采集各类信息和数据来实现的。物联网感知数据的获取主要通过物联感知设备，包括各种传感器设备、RFID设备、摄像头设备以及GPS设备等。物联感知设备实现对城市范围内人员、设施、环境等数据的实时识别、采集和监控。通过物联感知设备可以获取建筑监测数据、市政设施监测数据、气象监测数据、交通监测数据、生态环境监测数据以及城市安防监测数据，各类数据的基本属性见表5-1。

物联感知数据属性 表5-1

门类	大类	中类	基本属性
物联感知数据	建筑监测数据	设备运行监测	设备编码、数据生成时间、当前服务模式、运行状态、采集日期
		能耗监测	建筑代码、建筑名称、建筑地址、建筑层数（地上和地下）、建筑类型、能耗种类、总建筑面积、采集值、采集时间、报出时间
	市政设施监测数据	城市道路桥梁、轨道交通、供水、排水、燃气、热力、园林绿化、环境卫生、道路照明、垃圾处理设施及附属设施	标识码、要素代码、监测点编号、监测类型、监测项名称、监测指标值、监测指标单位、设施损耗情况、监测时间、采集日期
物联感知数据	气象监测数据	雨量、气温、气压、湿度等监测	标识码、要素代码、监测点编号、监测类型、监测项名称、监测指标值、监测指标单位、监测时间、采集日期
	交通监测数据	交通技术监控信息	—
		交通技术监控照片或视频	
		电子监控信息	
	生态环境监测数据	水、土、气等环境要素监测	标识码、要素代码、监测点编号、监测点类型、监测项名称、监测指标值、监测指标单位、监测时间、采集日期
	城市安防监测数据	治安视频、三防监测数据、其他	标识码、要素代码、采集单位、采集地址、监测范围、联系方式、监测时间

5.3 模型加工与处理

5.3.1 模型创建

1. 模型创建原则

模型创建前应结合需要、按分级分类要求采集整合源数据，选择经济合适的建模方式，创建符合应用需求的城市信息模型。各级各类CIM模型创建应遵循统一的空间参考、分类编码和命名规则，以实现模型的集成和融合；可分专业建模、按需要合并，应遵循建模流程和质量控制规范，保证模型的一致性、协调性和准确性。不同类型或内容的模型创建宜采用数据格式相同或兼容的软件，当采用数据格式不兼容的软件时，应能通过数据转换标准或工具实现数据互用。

2. 建模方式

（1）DEM、DOM技术流程

数字高程模型（Digital Elevation Model，简称DEM），是通过有限的地形高程数据实现对地面地形的数字化模拟（即地形表面形态的数字化表达），它是用一组有序数值阵列形式表示地面高程的一种实体地面模型，其技术流程见图5-4。数字正射影像（Digital Orthophoto Map，简称DOM），是利用数字高程模型对扫描处理的数字化的航空像片/遥感影像（单色/彩色），经逐个像元进行投影差改正，再按影像镶嵌。根据图幅范围剪裁生成的影像数据，其技术流程见图5-5。

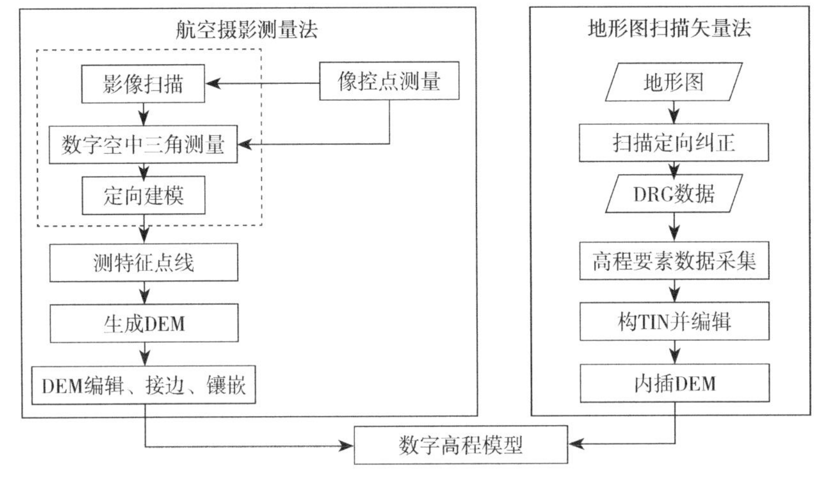

图5-4 DEM技术流程图

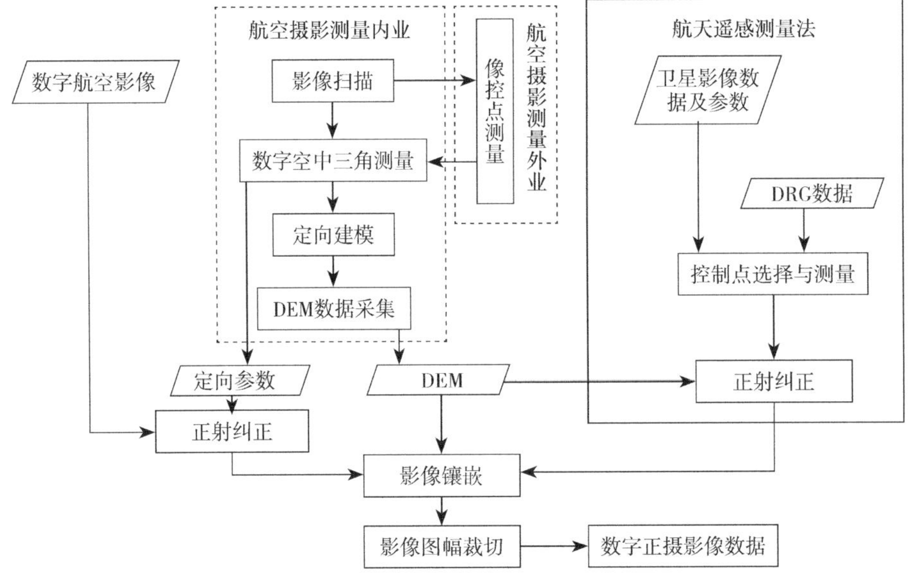

图5-5 DOM技术流程图

（2）倾斜摄影建模

倾斜摄影技术在CIM模型创建过程中扮演着重要角色。利用倾斜摄影技术进行实景三维建模，能够快速构建具有准确地理位置信息的真实三维空间场景，直观地掌握目标区域内地形地貌与所有建筑物的细节特征。建模过程包括对获得的倾斜影像、街景数据或其他类型数据进行数据特征点匹配，空中三角测量，多基线多视匹配，三角网（TIN）构建，生成白模，自动赋予纹理等步骤，最终生成三维模型，见图5-6。

（3）BIM建模

BIM建模基本步骤可包含建立网络及楼层线、CAD文档导入、组件建立、彩现及成果输出。楼层线及网络是建筑师绘制建筑设计图及施工图时重要的依据，放样、柱位判断皆要依赖网格来确保现场施作人员找到地基上的正确位置。楼层线是表达楼层高度的依据，同时也描述了梁位置、墙高度以及楼板位置。将CAD文件导入建模软件，在建立柱梁板墙时，可直接点选图面或按图绘制。将柱、梁、板、墙等构件依图面放置到模型上，依据构件的不同类型，选取合适的形式进行绘制工作。彩现图是建筑师与业主可视化沟通的重要工具，利用三维模型可与业主讨论建物外形、空间意象以及建筑师的设计是否满足业主需求。BIM建模基本步骤见图5-7。

在BIM建模当中，模型并非一步到位，而是要根据需求不断提高模型的精度。从概念设计到竣工设计，LOD被定义为5个等级，分别为LOD100到LOD500，见表5-2。

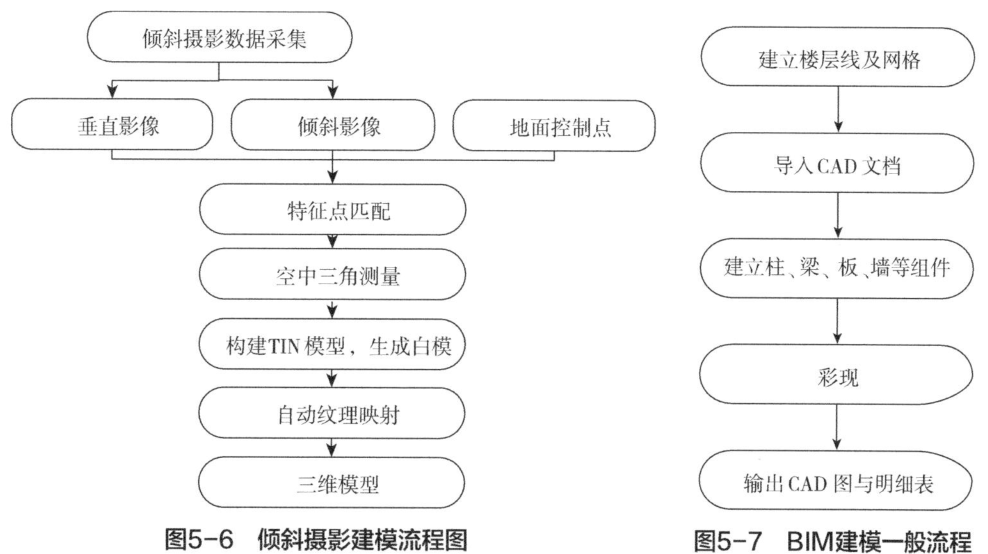

图5-6 倾斜摄影建模流程图

图5-7 BIM建模一般流程

BIM模型精度表　　表5-2

模型精度	表现内容
LOD100-概念化	建筑整体类型分析的建筑体量，分析包括体积、建筑朝向、单位面积造价等
LOD200-近似构件	包含了普遍性系统包括的大致数量、大小、形状、位置以及方向等信息
LOD300-精确构件	包括业主在BIM提交标准里规定的构件属性和参数等信息，模型已经能够很好地用于成本估算以及施工协调（包括碰撞检查、施工进度计划以及可视化）
LOD400-加工	用于模型单元的加工和安装，如被专门的承包商和制造商用于加工和制造项目构件
LOD500-竣工	模型将包含业主 BIM 提交说明里制定的完整的构件参数和属性。模型将作为中心数据库整合到建筑运营和维护系统中去

5.3.2　模型加工

CIM模型加工处理涉及输入数据、解析数据、语义识别、扫描数据、抽取数据、重构数据，生成编码等过程。CIM模型数据类型包括DEM、DOM、DLG、专题数据、地质模型、城市三维人工模型、倾斜摄影模型、激光倾斜结合建模模型、CAD、立体像对室内建模模型、激光影像室内建模模型和BIM模型。CIM模型数据的空间参照系转换为2000国家大地坐标系（CGCS2000）或城市平面坐标系，进行空间位置配准。以1985国家高程为基准。CIM模型数据源要求如表5-3所示。

CIM模型数据源要求　　表5-3

数据类型	主要用途	精度范围
DEM	表达城市地形地貌	0.15 ~ 30m
DOM	表达地表背景信息	0.05 ~ 10m
DLG	基础地形图	1：500 ~ 1：50000
专题图	构建管线、城市部件等模型	1：500 ~ 1：2000
地质模型	表达城市地质环境	钻孔间距（15 ~ 100m）
城市三维人工精细模型	城市现状与规划建模成果数据	0.02 ~ 0.5m
倾斜摄影模型	城市实景三维数据	0.02 ~ 0.5m
激光结合倾斜摄影模型	城市高精度实景三维数据	0.02 ~ 0.5m
建筑CAD图	CIM 4 ~ CIM6场地和建筑内外建模	1：50 ~ 1：500
房屋楼盘表	构建建筑层、户框架	
地名地址	配准地址信息和空间位置	
房产分层分户图	构建建筑分层分户模型	
激光影像室内建模模型	室内实景建模成果数据	0.2 ~ 0.5m
BIM模型	CIM 4 ~ CIM 7级建筑内外建模	LOD1.0 ~ LOD4.0

1. CIM1级模型加工处理

由DEM数据构建三角网，生成地形三维模型，叠加DOM数据作为纹理来表现，生成CIM地形模型；从DLG数据中提取省级、市级行政界线、大型河流、大型湖泊、海洋的岸线、一级及以上等级道路数据，通过符号化生成CIM行政区模型和CIM道路模型、转换生成面状CIM水系模型，然后结合DEM数据修正模型高程数值。其模型加工处理过程见图5-8。

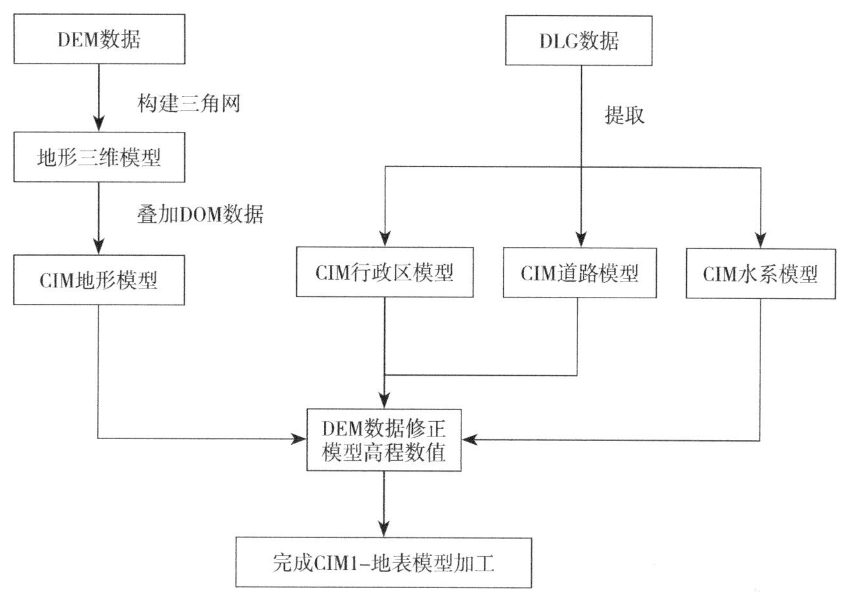

图5-8 CIM1级模型（地表模型）加工示意图

2. CIM2级模型加工处理

由DEM数据构建三角网，生成地形三维模型，叠加DOM数据作为纹理来表现，生成CIM地形模型。读取山体区域的DEM数据，插值生成更小间距的高程点数值，结合DOM数据，生成CIM山体地形模型；通过解析DLG数据，提取建筑底部轮廓、高度信息，或由结构、层数按建筑标准层高换算得到建筑高度信息，依据建筑底部轮廓和高度垂直生成CIM建筑外观模型，结合DEM数据修正模型高程数值；通过地名地址库建立房屋楼盘表与建筑外观模型对应关系，从房屋楼盘表中获得建筑内部自然楼层、房号的分布数据。结合建筑外观模型，根据每层房数和建筑高度，均匀划分建筑楼层平面、楼层高度，生成CIM建筑内部模型；从DLG数据中提取次干道及以上城市道路、二级及以上公路、铁路线、大中型河流、大中型湖泊、海洋的岸线、林地、草地、农用地等边界线数据，通过符号化生成CIM交通模型、转换生成面状CIM水系模型和CIM植被模型，然后结合DEM数据修正模型高程数值；采

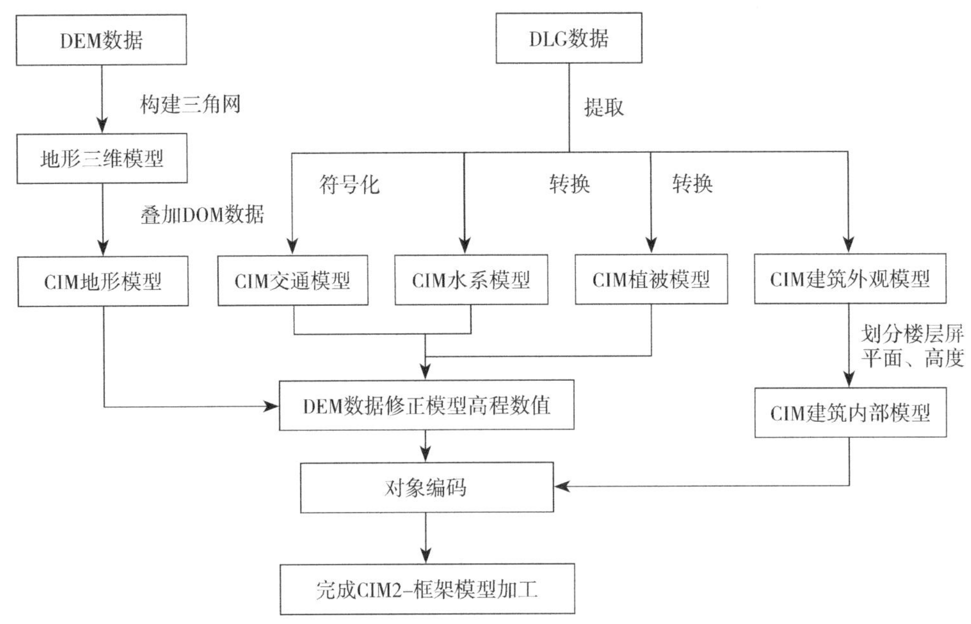

图5-9　CIM2级模型（框架模型）加工示意图

用《房屋建筑统一编码与基本属性数据标准》JGJ/T 496—2022对建筑幢、户模型对象进行编码，或采用第8级北斗网格码对建筑幢、户模型对象进行网格标识编码。宜采用《建筑信息模型分类和编码标准》GB/T 51269—2017对其他模型对象进行编码。其模型加工处理过程见图5-9。

3. CIM3级模型加工处理

由DEM数据构建三角网，生成地形三维模型，叠加DOM数据作为纹理来表现，生成CIM地形模型；提取倾斜摄影模型的单体化建筑模型数据和场地模型数据，进行模型与纹理匹配，转换生成CIM建筑外观模型和CIM场地模型；根据DLG数据的建筑层数，按照建筑层高标准或根据倾斜摄影贴图量计算生成建筑标高，导入房产分层分户图，按建筑底面轮廓和建筑标高对齐分层分户图，按标准楼板厚度生成楼板，在楼板上以分层分户图的户权属线为外墙中心线，按标准外墙厚度生成CIM建筑内部模型；提取倾斜摄影模型的交通模型数据、水系模型数据、植被模型数据和小品模型数据，转换生成CIM交通模型、CIM水系模型、CIM植被模型和CIM城市部件模型；根据管线专题图数据，由管线中心线和埋深（或标高）、管径、管材等属性数据，快速生成CIM管线模型；根据输入的地质模型，转换生成CIM地质模型；参照CIM2级模型对象编码，采用《数字化城市管理信息系统 第2部分：管理部件和事件》GB/T 30428.2—2013对城市部件模型对象进行编码。其模型加工处理过程见图5-10。

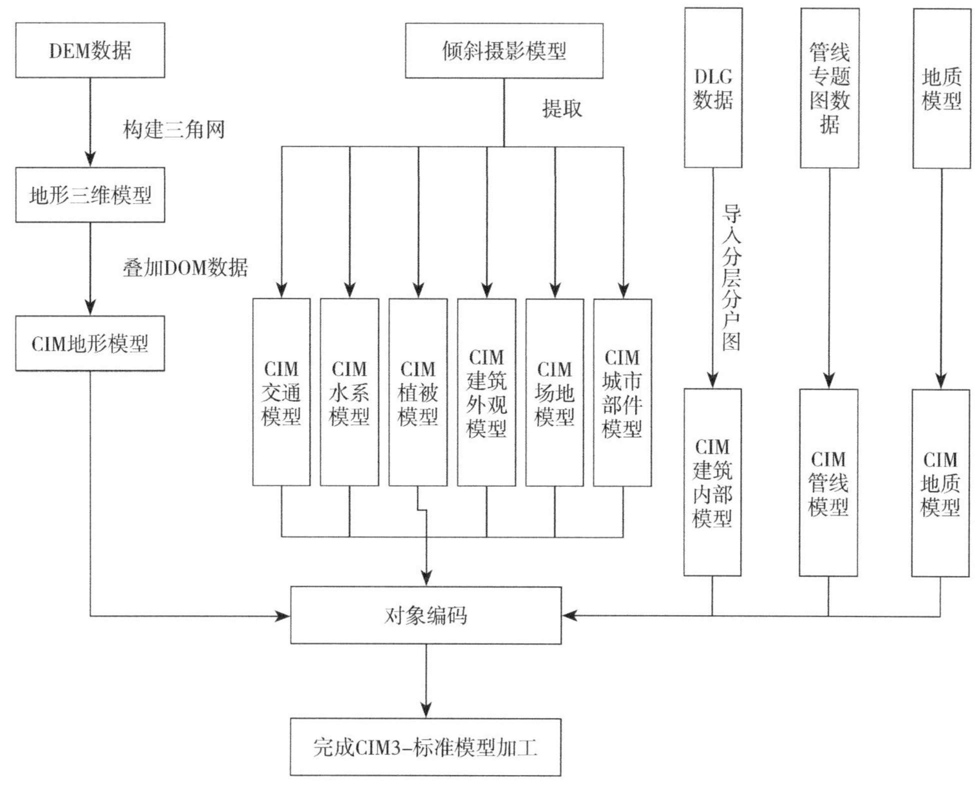

图5-10　CIM3级模型（标准模型）加工示意图

4. CIM4级模型加工处理

由DEM数据构建三角网，生成地形三维模型，叠加DOM数据作为纹理来表现，生成CIM地形模型。提取城市三维人工精细模型或激光结合倾斜摄影模型的山体区域场地模型数据，转换生成CIM山体地形模型；对于城市三维人工精细模型、BIM建筑模型数据，删除建筑内部模型细节后生成CIM建筑外观模型；对于激光结合倾斜摄影模型，进行模型与纹理匹配，转换生成CIM建筑外观模型；对于城市三维人工精细模型、激光结合倾斜摄影模型数据，依据建筑设计CAD图中的平面图、立面图，进行图形对齐，转换生成含房屋楼板、内外墙体的CIM建筑内部模型；对于BIM建筑模型，抽取房屋楼板、内外墙体等要素，对其他要素进行概化处理，生成CIM建筑内部模型。将城市三维人工精细模型、激光结合倾斜摄影模型或BIM模型中的交通模型、场地模型、管线管廊模型数据转换生成CIM交通模型、CIM场地模型和CIM管线模型和管廊模型。根据输入的地质模型，转换生成CIM地质模型；通过城市部件专题图匹配标准模型库，重点的城市部件模型用人工精细建模替换，生成CIM城市部件模型。CIM4级模型对象编码参照CIM3级模型。其模型加工处理过程见图5-11。

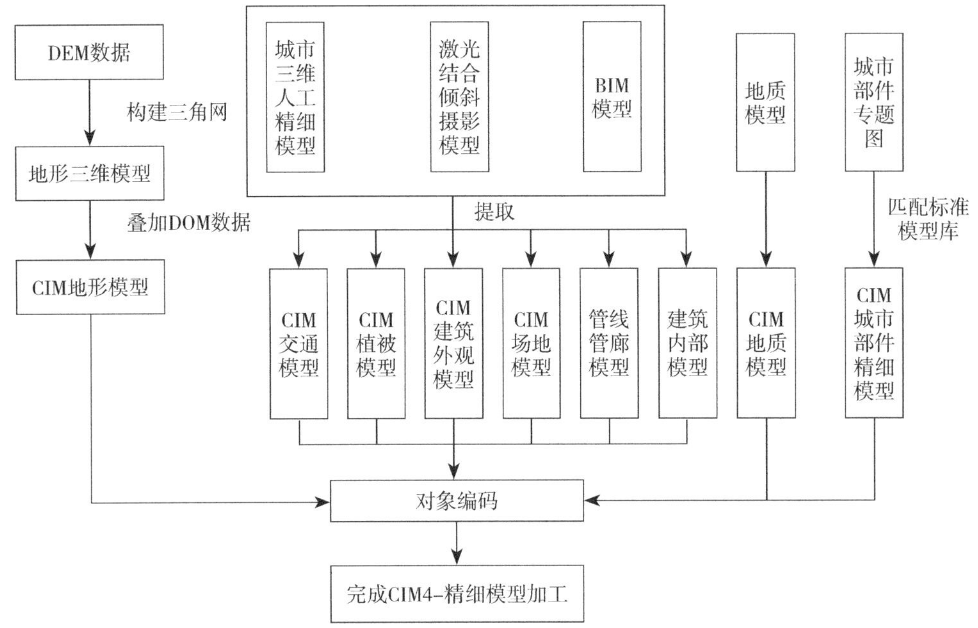

图5-11　CIM4级模型（精细模型）加工示意图

5. CIM5级模型加工处理

依据BIM建筑模型数据，删除建筑内部模型细节后生成CIM建筑外观模型；或依据建筑设计CAD图中的平面图、立面图，进行图形对齐，转换生成含建筑外观要素的CIM建筑外观模型；依据BIM建筑模型，抽取建筑内部楼板、内外墙体、过道、楼梯、电梯、门窗等要素，对其他要素进行概化处理，生成CIM建筑内部模型。或依据激光扫描室内模型数据，转换生成CIM建筑内部模型；或依据建筑设计CAD图中的平面图、立面图，进行图形对齐，转换生成包含房屋楼板、内外墙体、过道、楼梯、电梯、门窗等要素的LOD2.0精度的CIM建筑内部模型；将BIM模型中的道路、桥梁、隧道、涵洞、附属设施等交通模型、场地模型、地下空间模型数据转换生成CIM交通模型、CIM场地模型和CIM地下空间模型；CIM5级模型对象编码参照CIM4级模型。其模型加工处理过程见图5-12。

6. CIM6级模型加工处理

依据BIM建筑模型数据，删除建筑内部模型细节后生成CIM建筑外观模型；或依据建筑设计CAD图中的平面图、立面图，进行图形对齐，转换生成含建筑外观要素的CIM建筑外观模型；依据BIM建筑模型，转换生成CIM建筑内部模型。或依据激光扫描室内模型数据，转换生成CIM建筑内部模型；或依据建筑设计CAD图中的平面图、立面图，进行图形对齐，转换生成LOD3.0精度的CIM建筑内部模型；将BIM模型中的道路、桥梁、隧道、涵洞、附属设施等交通模型、场地模型、地下空间模型数据转换生成CIM交通模型、CIM场地模型和CIM地下空间模型；CIM6级模型对象编码参照CIM5级模型；对匹配不上的建筑，采用《房屋建筑统一编码基本属性数据标准》JGJ/T 496—2022对建筑构件模型对象进行编码，或采用第9级北斗网格码对新增建筑幢、户模型对象进行网格标识编码。其模型加工处理过程见图5-13。

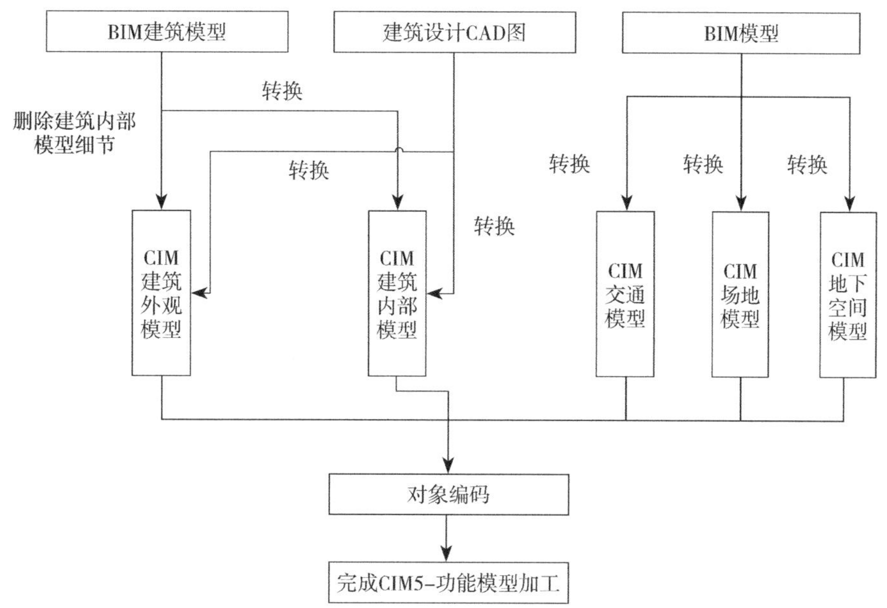

图5-12　CIM5级（功能模型）加工示意图

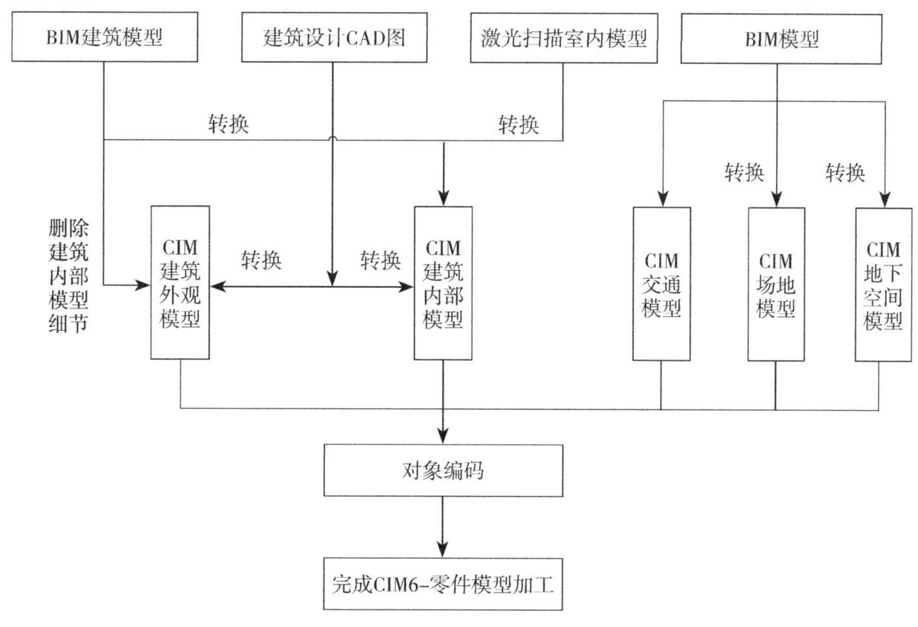

图5-13　CIM6级（构件模型）加工示意图

7. CIM7级模型加工处理

将BIM模型中暖通专业、给水排水专业、电气专业、智能化专业、小市政专业和夜景照明专业的设施设备的零部件信息，转换成相应的CIM零件模型。CIM7级模型对象编码参照CIM6级模型。对匹配不上的建筑，采用《房屋建筑统一编码基本属性数据标准》JGJ/T 496—2022对建筑零件模型对象进行编码，或采用第10级北斗网格码对新增建筑零件模型对象进行网格标识编码。其模型加工处理过程见图5-14。

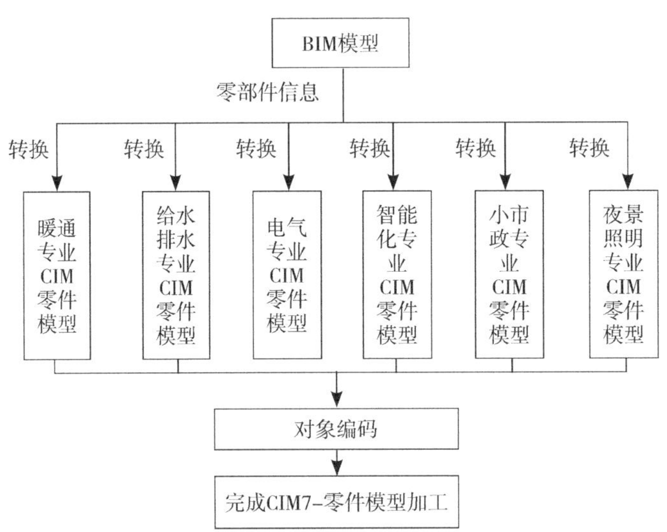

图5-14　CIM7级模型（零件模型）加工示意图

5.3.3　模型轻量化

三维模型原始数据具有几何精细、纹理精度高等特点，直接对数据进行应用存在数据加载缓慢、内存显存资源占用高、平台渲染压力大等问题。利用LOD（细节层次模型）技术、LOD层级数据生产技术、基于场景图的LOD组织管理技术以及多任务、多机器、多进程、多线程并行的数据处理技术等，可解决三维模型数据资源占用不可控和调度渲染效率低的问题。

LOD技术指根据物体模型的节点在显示环境中所处的位置和重要度，决定物体渲染的资源分配，降低非重要物体的面数和细节度，从而获得高效率的渲染运算。恰当地选择细节层次模型能在不损失图形细节的条件下加速场景的显示，提高系统的响应能力。利用LOD等特有的模型生产和简化技术对三维模型数据当前显示距离中不需要表现的几何和纹理进行剔除和简化，简化后的数据在几何上可以很好的保持原有形态，在纹理上可以很好的保有原有纹理色彩，简化后数据几何格网数目显著减少，纹理精度满足当前视觉效果，层级数据相对原始数据数据量显著降低。

轻量化，从字面上理解，是把一个“重”的东西变轻。模型轻量化就是缩小模型体量，让模型变得更轻、显示更快的过程，对实现模型快速加载、浏览显示具有重要意义。模型从设计到成型，再到最终在电脑或者移动终端呈现，中间经历了两个处理过程：几何转换与渲染处理。这两个处理过程的好坏直接影响到最终轻量化的效果。几何转换过程是整个轻量化的源头，也是核心。从技术角度出发，行业内目前存在参数化几何描述和三角化几何描述两种处理方式。参数化几何描述是通过使用多个参数来描述一个几何体，可以将单个图元做到最极致的轻量化。但其处理过程中需要几何算法库的支撑，技术难度比较高；三角化几何描述是应用多个三角形来描述一个几何体。但对精细度要求高的几何体，其轻量化效果不如参数化几何描述好，例如，当画同一个圆柱时，三角化几何描述方式需要至少数十个以上三角形元素来描述，而参数化几何描述方式只需要底面原点坐标（x、y、z，3个小数）、底面半径（r，1个小数）、柱子高度（h，1个小数）3个参数（5个小数）即可完成圆柱体的搭建。并且参数化几何描述方式轻量化后期使用的灵活度很高，可以根据不同应用场景的精度要求，生成对应精度的三角形数据来显示，能很好解决三角化几何描述的弊端。除此之外，还可以通过相似性算法减少图元数量等方式对模型进行几何优化转换达到轻量化目的。

三维模型原始设计模型保留了很多设计过程中的信息，模型体量大，直接对模型进行浏览的效果不佳，数据加载显示速度慢，对计算机的性能要求也大大提高。为了实现模型的流畅加载与浏览显示，对原始模型采取轻量化操作是必不可少的步骤。通过将模型的几何信息进行简化和压缩，对尺寸、属性、配合、参数等信息进行简化提取，过滤冗余信息，使数据得到简化和压缩，从而简化模型，最终实现模型在终端的流程加载与显示。随着BIM模型数据不断添加，BIM模型所展示的部分也越来越复杂，模型变得十分笨重，一旦需要灵活使用时就很容易出现数据缺失等故障。BIM模型存在大量冗余的三角面，如桥梁墩柱、门把手、锁芯等。使用BIM三角网简化功能，可以实现对图层中所有模型对象或选中模型对象的三角网进行简化，降低内存的占用，提高模型在三维场景中的浏览性能。

CIM数据复杂且体量大，加工处理后的CIM模型数据通过规范化的轻量化处理，不仅可以保障模型加载速度，而且使其成果数据具有更丰富的细节层次表达。轻量化模型与CIM源模型在语义信息、时空基准方面应保持一致性，并且需要重点考虑几何与材质的约束要求。不同应用场景和应用终端宜采用合理的轻量化策略和轻量化处理，通常三维场景采用15～20帧可以接受，20～30帧左右满足基本流畅，30帧以上达到完全流畅的程度。轻量化处理的主要步骤包括解析源模型、建立树结构、节点处理、纹理处理、复用模型策略和异常处理等，见图5-15。

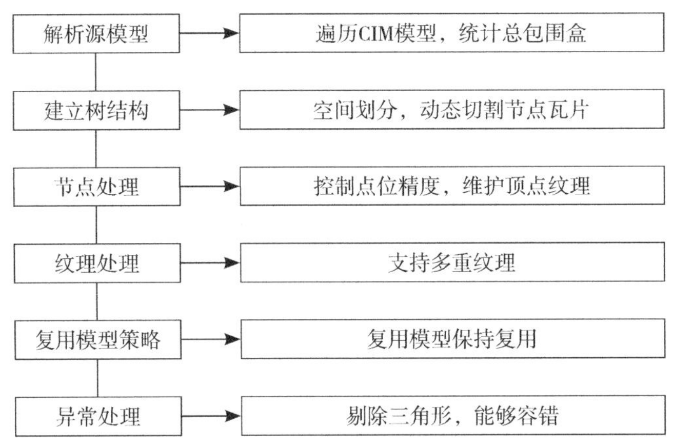

图5-15　模型轻量化流程示意图

解析源模型：首先，遍历CIM模型，统计总包围盒，以此确定成果CIM树的四叉树或八叉树组织结构；然后，根据模型分布情况调整CIM树类型。

建立树结构：通过四叉树或八叉树结构对源模型进行精确的空间划分，动态切割出树的节点瓦片，确保树中的叶子节点能够满足三角面数与纹理精度要求。

节点处理：在几何化简过程中，控制点位精度，维护顶点纹理的正确性，支持多重纹理。

纹理处理：支持多重纹理，保持原有纹理正射状态。色调均衡，色彩深度不丢失，纹理坐标正确，纹理透明度通道不丢失。对大纹理文件进行纹理重新映射并生成符合规范的多个纹理文件。

复用模型策略：由于生成场景树过程中对复用模型的切割会导致成果中复用的丢失，因此轻量化过程中对复用模型的处理原则是应最大程度的保持复用，减少轻量化成果的数据量。

异常处理：对输入模型中的退化三角形进行剔除。对不规范数据，例如有纹理坐标但是纹理丢失的模型，或者同时有颜色数组和纹理坐标的模型，要能够容错。

轻量化成果LOD作为渲染平台的输入数据，在数据组织上要灵活，以满足网络环境下海量数据的传输、交换和高性能可视化，以及满足不同终端（移动端、浏览器端、桌面端）系统的相关应用。

5.4　基础平台

CIM基础平台是智慧城市的基础性、关键性和实体性信息基础设施，CIM平台是包含有城市规划、建设、管理和运营等业务应用的软件平台。CIM平台的建设基

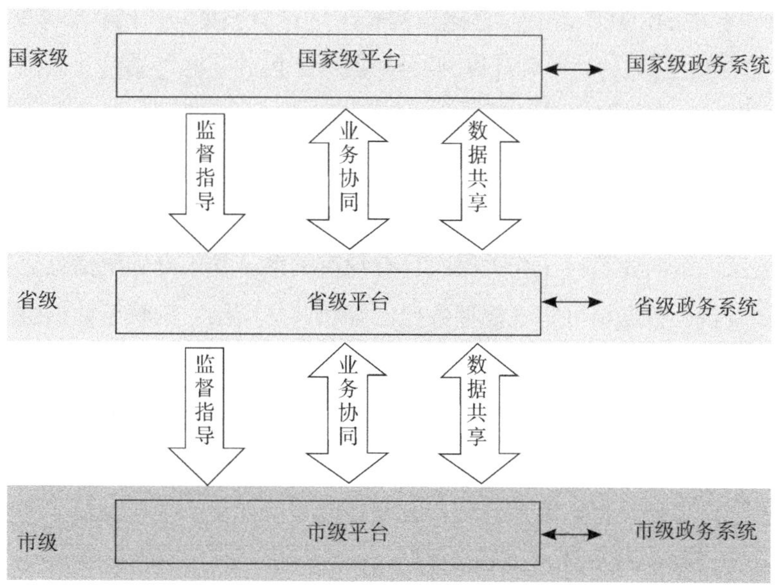

图5-16 国家级、省级、市级三级CIM基础平台衔接关系示意图

础是CIM基础平台的建设，在此基础上根据需要搭建各专项应用系统，如项目选址与用地规划审批系统、规划报建与审查系统、施工图审查系统、竣工验收管理系统、城市内涝预警预报系统、交通管理系统等，服务于城市规划、建设、运营、管理等工作。

CIM基础平台作为一个多要素、多层次、动态发展的开放性复杂巨系统，作为城市的新型基础设施，平台的架构、功能应用模块、与其他系统平台的关系等都需要制定相应的标准来规范平台的建设。CIM基础平台建设应遵循“政府主导、多方参与，因地制宜、以用促建，融合共享、安全可靠，产用结合、协同突破”的原则，统一管理城市信息模型数据资源，提供各类数据、服务和应用访问接口，满足业务协同、信息联动的要求。国家级、省级和市级平台应建立协同工作机制和运行管理机制，三级平台纵向之间及与同级政务系统横向之间应建立衔接关系，可参考图5-16。省级、市级平台之间应包括监督指导、业务协同和数据共享。其中，监督指导包括监测监督、通报发布、应急管理与指导；业务协同包括专项行动、重点任务落实和情况通报；国家级、省级、市级平台应与同级政务系统进行数据共享。

5.4.1 CIM基础平台构成

住房和城乡建设部发布的《城市信息模型（CIM）基础平台技术导则》（以下简称《导则》）对市级CIM基础平台的总体架构进行了梳理，本节将对其内容进行阐述。《导则》中的CIM基础平台总体架构参考《信息技术 云计算 参考架构》GB/T 32399—2015和《信息技术 云计算 平台即服务（PaaS）参考架构》GB/T 35301—2017，采用图5-17所示的总体架构。

CIM基础平台总体架构主要涉及三个层次和两大体系，包括设施层、数据层、服务层，以及标准规范体系、信息安全与运维保障体系。横向层次的上层对其下层具有依赖关系，纵向体系对于相关层次具有约束关系。基于设施层信息化基础设施和物联感知设备，数据层可实现模型数据汇聚和共享应用，依赖于数据层的强大数据支撑，服务层可实现功能应用与服务。

设施层包括信息基础设施和物联感知设备；数据层应建设至少包括时空基础、资源调查、规划管控、公共专题、工程建设项目、物联感知等类别的CIM数据资源体系；服务层应提供数据汇聚与管理、数据查询与可视化、平台分析、平台运行与服务和开发接口等基本功能。

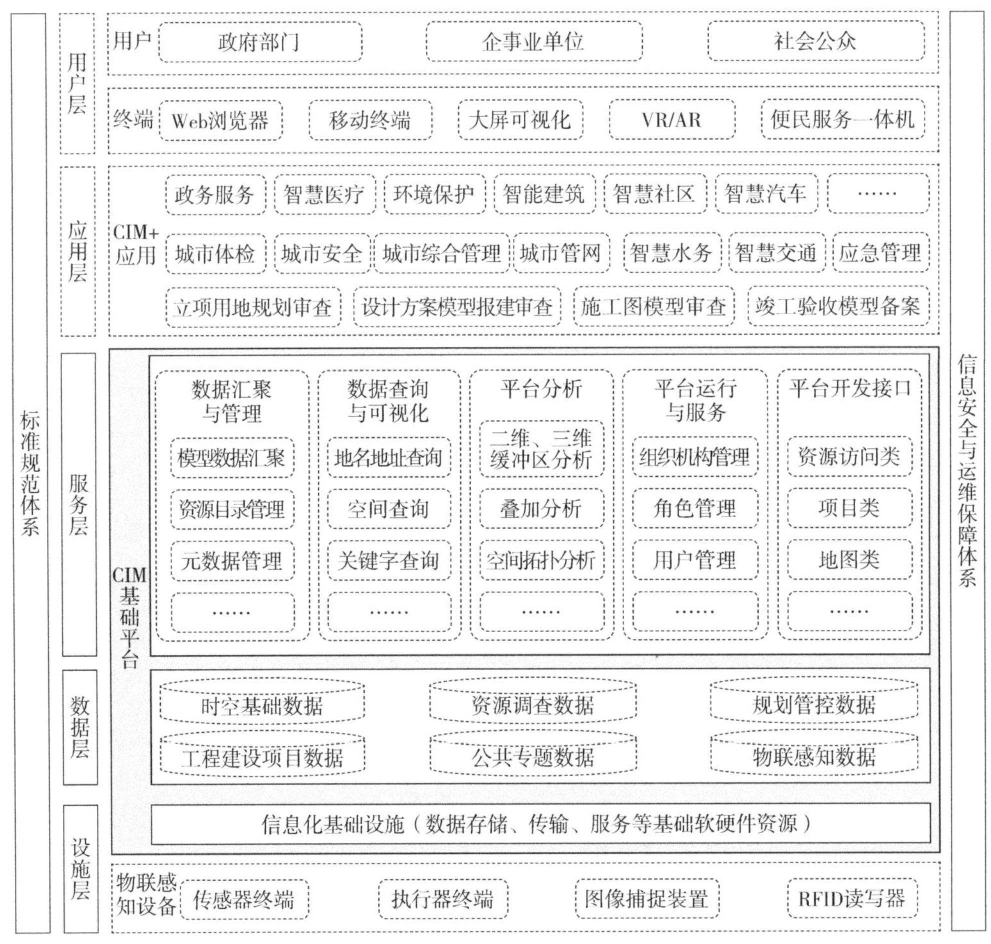

图5-17　CIM基础平台总体架构及其支撑作用

技术规范体系应建立统一的标准规范，指导城市级CIM基础平台的建设和管理，应与城市、国家和行业数据标准与技术规范衔接，包括CIM基础平台相关的数据标准，平台的服务、运行和维护等标准；信息安全与运维保障体系应按照国家网络安全等级保护相关政策和标准要求建立运行、维护、更新与信息安全保障体系，保障CIM基础平台网络、数据、应用及服务的稳定运行。

5.4.2 CIM基础平台特性

CIM基础平台作为实现城市规划、建设、管理工作智能化的信息基础设施，为相关应用提供丰富的服务和开发接口，对接城市现有的信息化平台或系统。同时，需根据城市发展的实际需求，扩展平台框架和数据结构，支撑智慧城市的建设与运行。因此，平台的特性可归纳为基础性、专业性和集成性。

1. CIM基础平台的基础性

CIM基础平台是在城市基础地理信息的基础上，建立建筑物、基础设施等物理实体的三维数字模型，表达和管理城市三维空间的基础平台，是城市规划、建设、管理、运行工作的基础性操作平台，是智慧城市的基础性、关键性和实体性的信息基础设施。CIM基础平台是智慧城市的支撑平台，为相关应用提供丰富的服务和开发接口，支撑智慧城市应用的建设与运行。各地需要充分认识CIM底层平台的基础作用，首先推进CIM基础平台建设，在此基础上根据需要搭建应用场景。避免重应用、轻底层，形成新的行业壁垒。

2. CIM基础平台的专业性

城市级CIM基础平台应具备基础数据接入与管理、BIM等模型数据汇聚与融合、多场景模型浏览与定位查询、运行维护和网络安全管理、支撑“CIM+”平台应用的开放接口等基础功能。在此基础上，各城市根据城市发展阶段、发展情况、所具备的管理和技术条件，探索提供工程建设项目各阶段模型汇聚、物联监测和模拟仿真等专业功能。

3. CIM基础平台的集成性

CIM基础平台应实现与相关平台（系统）对接或集成整合，宜对接智慧城市时空大数据平台和国土空间基础信息平台，对接或整合已有工程建设项目业务协同平台（即“多规合一”业务协同平台）功能，集成共享时空基础、规划管控、资源调查等相关信息资源。基于CIM基础平台可支持多个专题应用（城市建设、城市管理、城市体检、城市安全、住房、管线、交通、水务、规划、自然资源、工地管理、绿色建筑、社区管理、医疗卫生、应急指挥等领域的应用），应充分与工程建设项目审批管理系统、各部门审批管理系统进行对接，确保信息共享和功能交互，实现城市各级部门各类信息资源共享，业务互联互通，实现项目的全生命周期管理，与其他系统关系见图5-18。

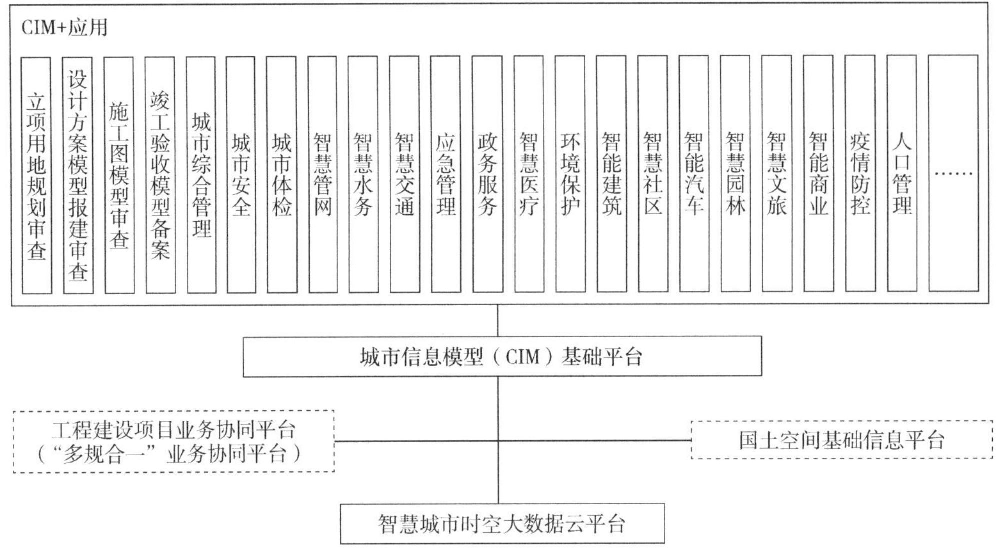

图5-18　CIM基础平台与其他系统关系

5.5　管理运维

CIM基础平台的管理运维应包含运维服务对象、运维工作组成、运维过程管理、运维组织体系和运维保障资源等，运维总体框架见图5-19。

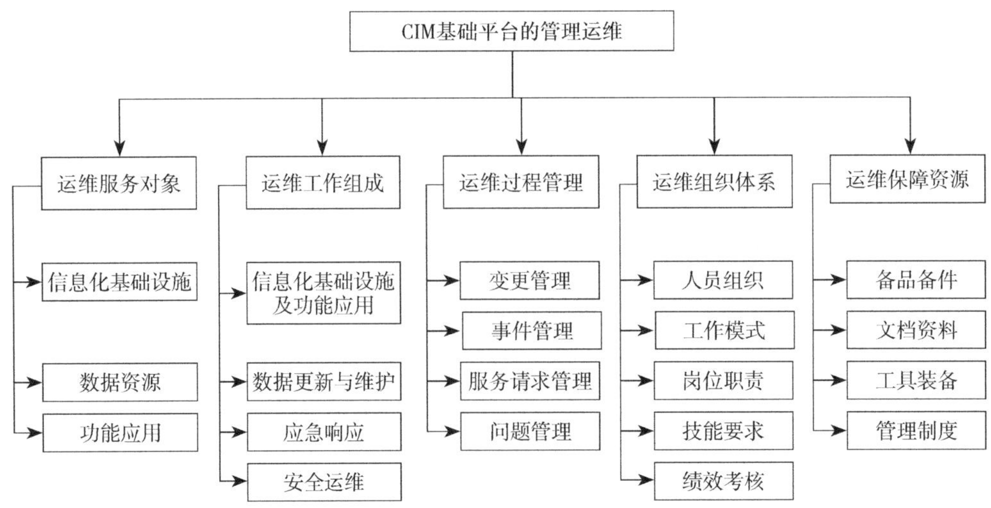

图5-19　CIM基础平台管理运维总体框架

5.5.1 运维服务对象

CIM基础平台运维服务对象应包括信息化基础设施、CIM数据资源和功能应用等。信息化基础设施（数据存储、计算、传输、服务等基础软硬件资源）包括物理环境、网络、主机、存储备份、安全设施、CIM基础软件等，CIM数据资源包括CIM基础平台支持业务运行过程中产生的数据和信息，功能应用包括平台基础功能与服务应用等，见表5-4。

运维服务对象 表5-4

运维服务对象	对象描述
物理环境	主要指数据中心运行的机房环境及机房辅助设施，如机房、配线间、空调、UPS（不间断电源，Uninterrupted Power Supply）、供电系统、换气系统、除湿/加湿设备、防雷接地、消防、门禁、环境监控等
网络	提供安全网络环境相关的网络设备、电信设施，包括路由器、交换机、防火墙、入侵检测器、负载均衡器、电信线路等
主机	各类服务器及终端，主要包括服务器、虚拟服务器、台式计算机、移动终端、大屏、VR、AR、便民服务一体机、打印复印机等
存储备份	存储、备份 CIM 基础平台信息的各类硬件设备及管理软件等，主要包括存储网络设备、磁盘阵列、磁带库等硬件设备、存储管理系统、备份管理系统等
安全设施	CIM 基础平台安全防护的硬件设备及软件系统，主要包括安全防控设备、安全检测设备、用户认证设备等硬件设备、安全防控软件、安全监测软件、用户认证系统等软件系统
CIM基础软件	支撑 CIM 基础平台运行的支撑软件，主要包括数据库管理软件、中间件软件等
CIM数据资源	支持 CIM 基础平台运行及平台运行过程中产生的数据和信息。数据内容主要包括时空基础数据、资源调查数据、规划管控数据、工程建设项目数据、公共专题数据和物联感知数据等
功能应用	主要包括CIM基础平台的数据汇聚与管理、数据查询与可视化、平台分析、平台运行与服务和开发接口等基本功能和各类CIM+应用

5.5.2 运维工作组成

CIM基础平台运维工作组成应包括信息化基础设施及功能应用的运维保障、数据更新与运维、应急响应及安全运维等，见表5-5。

运维工作组成 表5-5

运维工作组成	工作描述
信息化基础设施及功能应用	包括监控巡检、例行维护、响应式维护、故障处置、分析总结、整理资料等
CIM数据更新与维护	包括CIM数据更新、数据资源的接收和上报、处理、发布、入库、存档、数据清理及运维工作过程文档的收集、存档
应急响应	应提供应急响应服务，包括实施应急响应流程、应急响应预案流程、保障措施等；运维服务机构应按应急响应流程响应CIM基础平台的突发事件
安全运维	包括数据安全、平台安全和网络安全等内容

信息化基础设施、功能应用等运维服务对象运维活动周期可参考表5-6。

运维服务对象的运维工作组成 表5-6

运维服务对象	工作内容						
	巡检/清查	监控	例行维护	响应性维护	故障处置	分析总结	资料整理
物理环境	每日	实时自动	每月	—	按需要确定	每月	每月
网络	每日	实时自动	每月	即时响应	按需要确定	每月	每月
服务器	每日	实时自动	每月	现场响应	按需要确定	每月	每月
终端	每年	实时自动	每年	即时响应	按需要确定	每月	每月
存储	每日	实时自动	每月	即时响应	按需要确定	每月	每月
备份	每日	每小时	每月	即时响应	按需要确定	每月	每月
安全设备	每日	实时自动	每月	现场响应	按需要确定	每月	每月
数据库管理系统	每日	实时自动	每月	即时响应	按需要确定	每月	每月
中间件及其他基础软件	每日	实时自动	每月	即时响应	按需要确定	每月	每月
功能应用	实时自动	—	实时自动	现场响应	按需要确定	每月	每月

运维服务机构应提供监控巡检服务，应实时或定期对CIM基础平台运行状态进行监控，并定期对物理环境、主机、用于存储备份的硬件设备、安全设施中的硬件设备等进行人工巡检。网络、用于存储备份的管理软件、用于平台安全防护的软件系统和基础软件应进行实时自动的监控，并定期进行人工监控。监控巡检内容可参考表5-7。

监控巡检内容 表5-7

运维服务对象	巡检内容	监控内容
物理环境	CIM基础平台所处机房辅助设施的运行状况、参数变化及告警信息，空调、UPS等关键设施	机房超温、超湿、漏水、火情、非法入侵等异常情况
网络	设备运行状况及告警信息	①网络设备运行状态； ②网络设备CPU、内存占用率情况； ③网络设备日志检查分析； ④主要网络节点之间的丢包、延迟等情况； ⑤网络链路通断情况； ⑥网络链路带宽占用情况； ⑦网络流量情况
服务器	设备运行状况及告警信息	①服务器运行状态； ②服务器 CPU、内存占用率情况； ③服务器日志检查分析； ④服务器磁盘利用率
终端	①终端基本信息、硬件信息、网络信息等； ②终端安全隐患状况； ③终端防病毒软件的有效性； ④终端安全管理软件的有效性； ⑤终端信息（使用人、IP地址等）的一致性	①终端感染病毒、木马以及未完成的漏洞修补等信息； ②分析终端安全日志
存储	设备运行状况及告警信息	①存储系统运行状态； ②存储系统占用率情况； ③存储系统日志检查分析； ④存储空间利用率
备份	设备运行状况及告警信息	①备份系统运行状态； ②备份作业情况； ③备份系统日志检查分析； ④备份空间利用率
安全设备	设备运行状况及告警信息	①安全设施运行状态； ②安全设施系统日志分析
数据库管理系统	—	①数据库运行状态； ②数据库表空间占用率； ③分析数据库系统日志
中间件及其他基础软件	—	①中间件及其他基础软件运行状态； ②分析中间件及其他基础软件日志
功能应用	—	①功能应用运行状态； ②分析功能应用日志

运维服务机构应按应急响应流程响应CIM基础平台的突发事件。响应流程应包括事前预防、事发通报、事中处理、事后总结等，响应流程及说明见图5-20和表5-8。

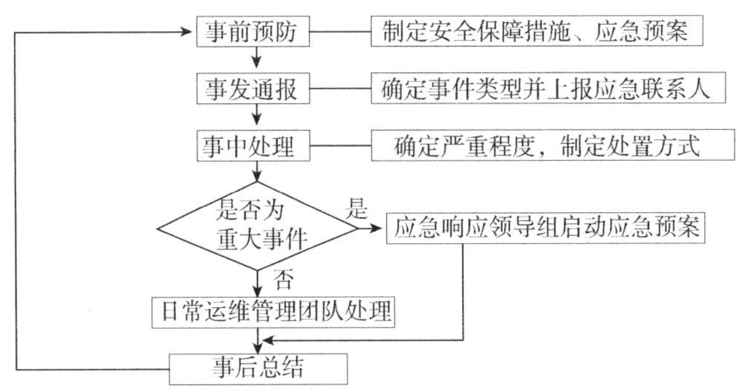

图5-20　应急响应流程

应急响应流程说明　表5-8

响应步骤	说明
事前预防	①应参照国家信息安全等级保护三级的相关要求采取相应的安全保障措施； ②应对网络基础设施和相关平台进行全面的安全监测，识别平台的资产价值及脆弱性，分析各种威胁发生的可能性并针对各种威胁制定相关应急预案
事发通报	①在突发事件发生后，发现人应当立即向CIM基础平台应急联系人报告。同时，发现人应当对发现的事件进行调查核实、保存相关证据，并在事件被发现时将证据报至应急联系人； ②应急联系人接到信息安全突发事件报告，经初步核实后，应将有关情况及时向应急领导组报告，进一步进行情况综合，研究分析可能造成损害的程度，提出初步行动对策，并及时报应急领导组； ③领导小组应视情况召集协调会，决策行动方案，发布指示和命令
事中处置	①预案启动 a. 对于特别重大以及重大事件，应按照快速有序的原则启动应急预案，并由应急响应领导组发布应急响应启动命令； b. 应由运维管理团队处理日常运维事件管理流程即可解决的一般事件，不需要启动应急预案。 ②应急处置 a. 应急预案启动后，应急实施组应立即采取相关措施抑制信息安全事件的影响，避免造成更大损失； b. 应根据应急事件的分类，初步确定应急处置方式，区别对待； c. 灾害事件：应根据实际情况，在保障人身安全的前提下，保障数据安全和设备安全；具体方法包括硬盘的拔出与保存、设备的断电与拆卸、搬迁等； d. 故障或攻击事件：判断故障或攻击的来源与性质，关闭影响安全与稳定的网络设备和服务器设备，断开平台与攻击来源的网络物理连接，跟踪并锁定攻击来源的IP地址或其他网络用户信息，修复被破坏的信息，恢复平台。具体处置措施应按照对应的应急预案严格执行。 ③灾难恢复 a. 在应急处置工作结束后，应迅速采取有效措施，抢修受损的基础设施，减少损失，尽快恢复正常工作； b. 应通过统计各种数据，查明原因，对安全事件造成的损失和影响以及恢复重建能力进行分析评估，认真制定恢复重建计划，迅速组织实施灾难恢复工作，把受到影响的系统和网络设备彻底还原到它们正常的任务状态； c. 恢复工作应避免出现误操作导致数据的丢失； d. 恢复工作中如涉及机密数据，应额外遵照机密系统的恢复要求

续表

响应步骤	说明
事后总结	①应急事件处置完毕后，应急处置各组应回顾并整理已发生信息安全事件的各种相关信息，尽可能地把所有情况记录到文档中； ②发生重大信息安全事件时，应急响应各组应在事件处理完毕后一个工作日内，将处理结果上报到领导组备案； ③应对信息安全事件进行统计、汇总，并对任务完成情况进行总结，不断改进信息安全应急预案

CIM数据安全运维应包括数据传输安全、存储安全、共享安全、备份恢复安全和安全隔离等，数据安全要求见表5-9。

数据安全要求　　**表5-9**

安全措施		满足要求
数据传输安全	传输介质安全	①应确保数据传输介质（如电缆、光纤等）的物理环境安全，有效防雷击、防鼠害、防盗、防水、防人为破坏； ②应选择电磁辐射低的数据传输介质，或者采用有效的措施防止数据传输介质的电磁泄漏； ③应确保信息设备接入可靠的无线网络或传感网络
	传输通道安全	①应采取有效措施保障敏感信息和重要数据的传输过程的机密性； ②应采取有效措施保障敏感信息和重要数据传输过程的完整性； ③数据管理存储系统应采用安全协议连接，防范非授权访问和管理信息泄漏
存储安全	数据存储访问控制	①应对数据文件进行访问控制，严格控制不同权限的用户对不同文件的访问和操作，对文件系统、数据库管理系统、操作系统等分别采取访问控制措施； ②数据库管理系统和操作系统依据最小授权原则设计安全访问控制策略，依据业务要求实现不同用户对不同数据的访问权限； ③数据库管理系统和操作系统不得使用相同的用户名和密码，防范入侵操作系统的攻击者直接入侵数据库
	数据存储安全审计	①应对数据文件的操作行为进行安全审计，至少对用户操作、存储事件和文件变更信息进行记录； ②应对虚拟化组件的活动进行监控，至少对虚拟网络、虚拟主机、虚拟桌面、虚拟CU、虚拟存储的活动进行监控； ③应对虚拟资源使用情况进行记录，至少对CPU、内存、存储的容量、可用空间、使用比例信息进行记录，并设置报警阈值，提供报警功能； ④应使用内容发现机制扫描存储数据，识别已泄漏的敏感数据； ⑤应对平台系统管理员的操作和系统管理员的权限进行审计； ⑥应定期提供平台运行报告，报告内容包括平台运行状态、安全情况、事故情况、变更情况等； ⑦应引入第三方审计机构，对CIM基础平台定期进行审计，评估是否实现了合理的安全控制； ⑧应采取有效措施保障日志不会被非授权访问、修改和覆盖，确保审计措施不会带来新的安全问题

续表

安全措施		满足要求
存储安全	数据存储设备与介质安全	①存储设备和介质保存环境必须保持清洁，且需要防盗、防震、防火、防雷、防高温、防潮湿、防静电、防电磁干扰； ②制定存储设备和介质资产清单，清单内容包括存储设备和介质名称、责任人、用途、采购时间等，并定期更新存储设备和介质资产清单信息； ③正确移动存储设备和介质，存储设备和介质移动时避免碰撞和大幅度振荡； ④严格规范存储设备和介质数据读写操作，避免对存储设备和介质超频使用，保障读写数据时的持续供电； ⑤存储设备和介质维修时，必须安排陪同人员对维修过程进行监控，严格控制数据知悉范围，对于重要数据，要求维修人员到指定地点进行维修； ⑥制定存储设备和介质使用管理制度，规范存储设备和介质使用人员权限、使用审批流程、使用操作规范、故障处理流程等
	数据存储加密	①应对敏感数据提供数据加密功能，可以对不同安全要求数据进行不同强度的加密； ②应制定和实施密码控制策略，并符合《信息技术 安全技术 信息安全控制实践指南》GB/T 22081—2016中12.3.1的相关要求； ③应采用成熟的密钥管理方案，对密钥的全生命周期进行有效的管理，密钥管理应符合《信息技术 安全技术 信息安全控制实践指南》GB/T 22081—2016中12.3.2的要求
	数据离散存储	①应选择数据离散存储，对数据离散存储的敏感数据片进行加密； ②应对数据离散存储的数据进行完整性校验，确保有效的数据重构恢复
数据共享安全		①应提供严格的共享数据访问权限控制功能，访问控制粒度细化到用户的具体操作； ②应采用有效的措施控制共享数据，确保已授权的用户才能对共享数据进行增加、删除、查看、修改、上传和下载； ③应采用有效措施，保障存储的敏感信息和重要数据的机密性和完整性； ④“多规合一”信息平台已经实现面向全市共享的基础地理信息数据、空间规划数据，可以继续纳入CIM基础平台对外提供共享使用；尚未通过“多规合一”信息平台对外提供共享的数据应符合国家、行业及地方相关保密规定，涉密数据应按规定脱密处理； ⑤在数据共享的过程中使用切片后的数据发布服务的，前端通过请求调用相关级别、范围的瓦片数据进行业务应用搭建，禁止使用矢量数据服务格式，确保源数据安全和保密
数据备份恢复安全		①CIM基础平台数据备份应采用磁带、有容错能力的磁盘阵列（RAID）、光学存储设备等介质； ②CIM基础平台应采取增进物理安全、实施密码及策略、正确分配备份人员的权限等措施进行数据库备份； ③应强化本地与异地的物理安全与制度管理，减少人员与备份设备和介质接触的机会，对操作维护人员的操作过程进行审核；应打印并异地保存备份操作的文档，经常整理并归档备份，把备份和操作手册的副本与介质共同异地保存。应对介质的废弃处理有明确的规定，对介质安全低级格式化处理； ④备份内容应采用密码保护，应包括备份前的数据加密与备份时对备份集的加密两种； ⑤密码应具有一定的复杂性，密码必须为大写字母、小写字母、数字、特殊字符的组合，而且不能少于8位

续表

安全措施	满足要求
数据备份恢复安全	⑥备份工作应由三人完成：高层管理人员、备份操纵员和备份日志管理员；备份密码分为两部分，由高层管理人员和备份日志管理人员分别保管其中的一部分；高层管理人员负责保存密码的前一部分，并审核数据恢复的日志；备份操作员完成每日的备份工作，完成介质异地存储，查看备份日志，不保存备份密码，与其他人完成备份策略的设定；备份日志管理员审核与管理每日的备份与恢复操作日志，保存后一部分的备份密码； ⑦应依据《信息安全技术　信息系统灾难恢复规范》GB/T 20988—2017的要求制定灾难恢复策略，建立灾备中心； ⑧应设计数据备份与恢复方案，确定数据备份的范围、策略、方法和流程，确定数据恢复的目标、流程； ⑨应依据业务安全目标要求，制定数据备份措施，并及时根据业务需求更新备份措施； ⑩应定期组织数据恢复测试； ⑪异地备份中心建设选址，应符合国家政策要求和业务安全要求
数据安全隔离	①应依据终端、物理主机和虚拟主机的业务类别、地理位置、部门属性和安全级别划分不同的安全域； ②应规划合理的虚拟化网络安全控制措施，划分虚拟化网络子网，对CIM基础平台流入数据和流出数据设置访问控制策略； ③应对不同安全级别的业务数据进行物理隔离或强逻辑隔离，即必须部署在不同的物理主机、不同子网、不同集群或者不同虚拟机上； ④相同安全级别的业务数据之间，管理终端与业务系统之间的不同安全域需要实现逻辑隔离，需要采用物理防火墙技术、划分子网等方式进行隔离，虚拟化系统实现集群隔离，多租户隔离、资源池隔离、操作系统隔离和数据隔离

5.5.3　运维过程管理

为实现运维工作的标准化、规范化和自动化，应依据运维管理环节、管理内容、管理要求等制定统一的运维工作流程，加强运维服务过程管理。过程管理包括事件管理、服务请求管理、问题管理和变更管理等，见表5-10。

运维过程管理　　表5-10

运维过程管理	管理描述
事件管理	对事件处理过程进行监控，并根据事件影响程度决定服务等级或应急响应等级的升降。应包括日常巡检、日常运维与监控、配置管理、备份与恢复、应急响应等运维活动
服务请求管理	服务请求管理是对服务请求过程进行监控，其涉及控制的范围应包括应急响应机制与执行活动
问题管理	应包括日常巡检、日常运维与监控、配置管理、备份与恢复、应急响应等运维活动，其流程应按照不同领域的问题（如网络、主机、中间件、数据库、应用等）由相关领域的技术支持专家来处理
变更管理	对变更过程进行监控，变更管理涉及控制的范围应包括日常巡检、日常运维与监控、配置管理、备份与恢复、应急响应等运维活动

1. 事件管理

CIM基础平台事件管理记录包含的信息如表5-11所示。

事件管理记录信息 表5-11

序号	信息项	描述
1	用户信息	与事件关联的用户信息，例如姓名、部门、联系方式、联系地址、通知方法等
2	事件类型	事件类型的描述，如信息类、告警类、异常类等
3	响应结果	对事件响应结果的描述
4	记录时间	事件记录的时间
5	记录人员	记录事件的人员
6	事件描述	对事件及其基础信息的描述

事件管理过程应包括事件的发生和通告、事件检测和录入、过滤判定、事件分类判定、事件关联、响应选择、人为干预、自动响应、问题/变更管理判定、事件关闭、评估行动等，其流程可参考图5-21，各步骤说明如表5-12所示，实际应用中可根据自身情况进行调整。

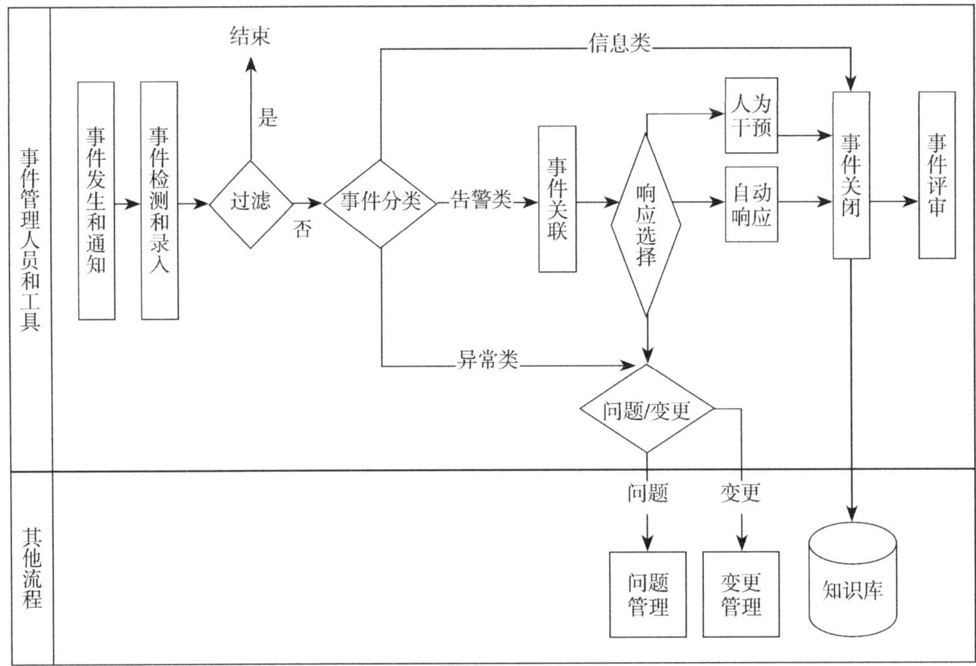

图5-21 事件管理流程

事件管理流程说明　　表5-12

序号	步骤名称	说明
1	接收服务请求	服务请求大多来自服务台。用户可通过电话呼叫或Web等方式将服务请求提交到服务台
2	提供菜单供用户选择	提供标准的服务请求清单供用户选择，用户确认服务请求的细节，并订下符合SLA的请求实现目标
3	财务审批	①对于成本确定的标准请求，通常作为组织每年财务管理的一部分来审批； ②其他情况下，则先要评估实现请求的成本，再将评估结果提交给用户审批
4	判定是否通过清求	①根据财务审批，决定是否通过服务请求； ②如果通过，进入下一步； ③如果不通过，退还给服务请求发起人
5	其他审批	在某些情况下需要进一步的审批，比如一致性相关的或业务相关的审批
6	判定是否通过请求	①根据其他审批，决定是否通过服务请求： ②如果通过，进入下一步； ③如果不通过，退还给服务请求发起人
7	实现	①某些简单的服务请求可能直接由服务台一线支持人员执行； ②某些服务可能需要进一步交给专家团队或者供应商来处理和满足
8	关闭	用户的服务请求实现后，必须反馈给服务台来关闭。服务台在关闭前可能发起客户回访和满意度调查并输出

2. 服务请求管理

服务请求管理过程应包括接收服务请求、提供菜单供用户选择、财务审批、判定是否通过财务审批请求、其他审批、判定是否通过其他审批请求、实现、关闭等，其流程可参考图5-22，各步骤说明如表5-13所示 ，实际应用中可根据自身情况进行调整。

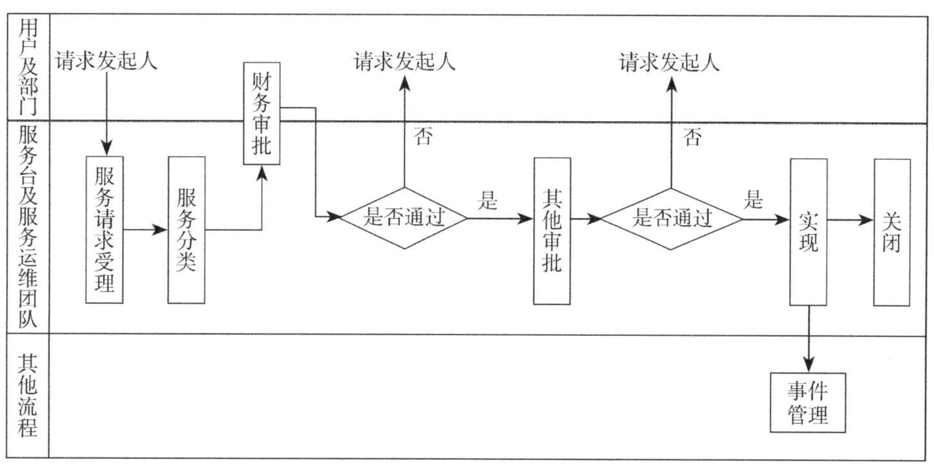

图5-22　服务请求管理流程

服务请求管理流程说明　　表5-13

序号	步骤名称	说明
1	接收服务请求	服务请求大多来自服务台。用户可通过电话呼叫或Web等方式将服务请求提交到服务台
2	提供菜单供用户选择	提供标准的服务请求清单供用户选择，用户确认服务请求的细节，并订下符合SLA的请求实现目标
3	财务审批	①对于成本确定的标准请求，通常作为组织每年财务管理的一部分来审批； ②其他情况下，则先要评估实现请求的成本，再将评估结果提交给用户审批
4	判定是否通过请求	①根据财务审批，决定是否通过服务请求； ②如果通过，进入下一步； ③如果不通过，退还给服务请求发起人
5	其他审批	在某些情况下需要进一步的审批，比如一致性相关的审批或业务相关的审批
6	判定是否通过请求	①根据其他审批，决定是否通过服务请求： ②如果通过，进入下一步； ③如果不通过，退还给服务请求发起人
7	实现	①某些简单的服务请求可能直接由服务台一线支持人员执行； ②某些服务可能需要进一步交给专家团队或者供应商来处理和满足
8	关闭	用户的服务请求实现后，必须反馈给服务台来关闭。服务台在关闭前可能发起客户回访和满意度调查并输出

3. 问题管理

问题是指导致事件产生的原因，问题管理记录的信息如表5-14所示。

问题管理记录信息　　表5-14

序号	信息项	描述
1	用户信息	与问题关联的用户信息，例如姓名、部门、联系方式、联系地址、通知方法等
2	服务信息	与问题关联的服务信息，例如 SLA、OLA、UC、服务质量等
3	设备信息	与问题关联的设备信息，例如 CI、IT 基础设施等
4	记录时间	问题记录的时间
5	优先级和分类信息	问题定义的优先级和问题归属类别
6	问题描述	详细描述问题的内容
7	问题状态	问题所处的状态，如新建、已接受、已计划、已分配、激活状态、已暂停、已解决、已关闭等
8	诊断信息或实施过的解决方案信息	已有的对问题的诊断信息以及为解决问题而实施过的解决方案和措施等信息

问题管理过程应包括问题检测和记录、问题归类和优先级处理、问题调查和诊断、创建已知错误记录、解决问题、问题关闭、重大问题评估等过，其流程可参考图5-23，各步骤说明如表5-15所示，实际应用中可根据自身情况进行调整相应管理。

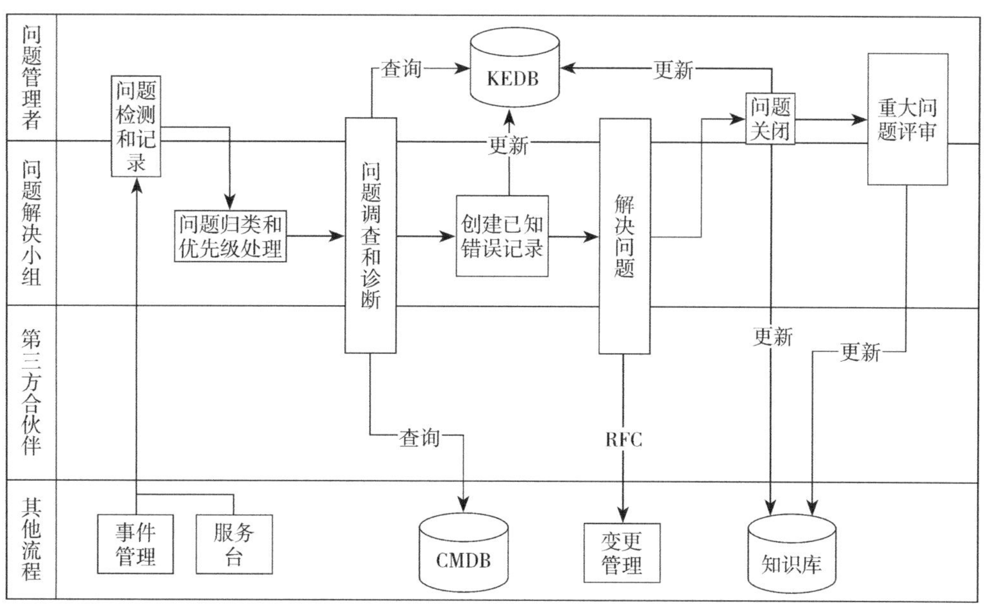

图5-23　问题管理流程

问题管理流程说明　　表5-15

序号	步骤名称	说明
1	问题检测和记录	①问题管理者接收来自服务台，事件管理以及合作伙伴等提交的事故报告或潜在问题报告； ②问题解决小组通过主动问题管理发现潜在的问通并提交报告； ③问题管理者收集相关报告并创建问题记录
2	问题归类和优先级处理求管理	问题解决小组对问题进行归类和优先级处理
3	问题调查和诊断	①问题管理者组织问题解决小组成员对问题进行调查和诊断； ②如果调查和诊断需要第三方合作伙伴的协助，则由问题管理者负责联络和沟通； ③如果问题所造成的事故频繁复发或紧急度非常高，则需要制定并实施临时措施，暂时性的恢复服务水平；临时措施实施之后，问题处理小组必须继续寻求并制定一套永久性的解决方案； ④如果问题的影响度非常低而解决的成本非常高，这时需要考虑是否有必要实施解决方案；如果决定暂不实施，则需要制定并实施一套临时措施，以降低问题对服务的影响； ⑤问题管理者负责收集和整理问题调查和诊断相关记录，并为服务台和事故管理提供临时措施等方面的建议； ⑥临时措施的制定和实施需要第三方合作伙伴协助时，由问题管理者负责联络和沟通
4	创建已知错误记录	问题解决小组根据调查和诊断的结果以及临时修复方案创建已知错误记录，并将其存放在已知错误库中

续表

序号	步骤名称	说明
5	解决问题	①根据调查和诊断的结果实施解决方案； ②如果解决方案需要对基础设施进行变更，则由问题管理者提交变更请求，启动变更管理流程
6	问题关闭	①问题管理者审核已解决的问题记录，正式批准关闭问题记录； ②整理解决问题的相关知识，更新知识库
7	重大问题评估	重大问题处理之后，问题管理者应组织和召开重大问题评估会议，探讨和学习相关经验和教训

4. 变更管理

变更管理过程应包括创建RFC、记录和过滤RFC，判断是否过滤、评估变更，判定是否授权变更、评估变更，判定能否授权、评估变更，判定是否授权变更、变更规划、协调变更实施、实施变更、回顾变更、关闭变更、紧急变更子流程等，其流程可参考图5-24，各步骤说明如表5-16所示，实际应用中可根据自身情况进行调整。

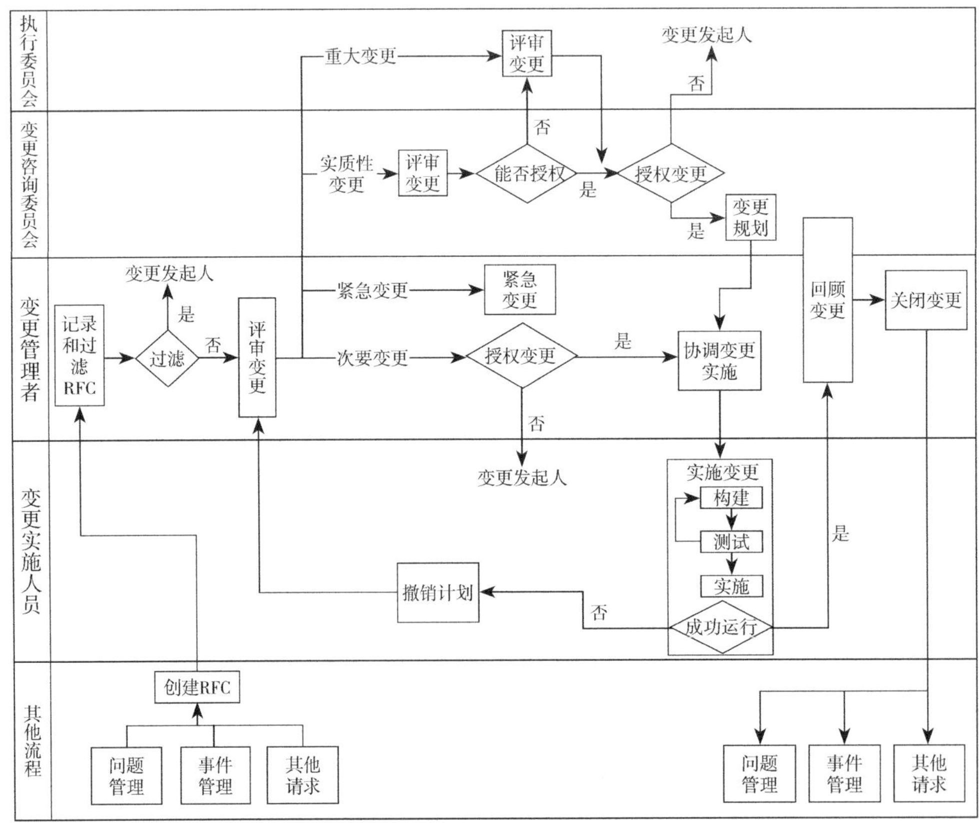

图5-24 变更管理流程

变更管理流程说明 表5-16

序号	步骤名称	说明
1	创建RFC	①变更发起人根据来自维护人员或其他IT人员、项目建设、事件、问题等管理流程提出的需求，收集信息并与相关部门或用户确认； ②创建变更请求记录； ③初步为变更分配类型、优先级、风险等级等； ④接收来自被变更管理者或CAB拒绝的RFC及反馈意见； ⑤如需重新发起该RFC，变更发起人需根据反馈意见在RFC中追加必要的增补信息，保证变更信息项的完整性和正确性，并再次提交 RFC
2	记录和过滤RFC	①变更管理者接收并记录变更发起人提交的RFC； ②对RFC进行初步评估，过滤不切实际的、重复提交的、已拒绝以及不完善的RFC
3	判断是否过滤	①判断是否过滤该RFC； ②如果过滤则将RFC退还给变更发起人并关闭变更，同时将过滤理由和相关反馈意见记入变更日志中； ③如果不过滤，则进入下一步
4	评估变更	①变更管理者召集变更管理小组成员，对变更风险、优先级以及类型等进行划分和确认； ②对于确认的紧急变更应该立即启动“紧急变更子流程”； ③接收来自“紧急变更子流程”拒绝的紧急变更请求，评估相关意见，并通知变更发起人； ④对于重大变更应先提交IT执行委员会审批； ⑤对于实质性变更，变更管理者应协调资源，初步制定变更计划，包括创建、测试、回退以及补救计划，在下一次CAB会议提交审批； ⑥对于影响度低的次要变更，变更管理者可以直接判断是否授权
5	判定是否授权变更	①针对次要性变更，变更管理者可直接判断是否授权； ②如果授权则直接进入下一步； ③如果拒绝，则将RFC退还给变更发起人并关闭变更，同时将拒绝理由和相关反馈意见记入变更日志中
6	评估变更	①针对实质性变更，变更管理者召开CAB会议评估变更； ②会议上，CAB成员对变更进行评估，包括判定变更分类、优先级划分、风险评估等是否正确
7	判定能否授权	①如果无法就变更授权达成一致或变更被重新认定为重大变更，则CAB则应提交至IT执行委员会进行最后审批； ②对于无争议的变更，进入下一步
8	评估变更	①对变更管理者提交的重大变更，或CAB会议上争议的变更进行评估并判定是否授权变更； ②将评估结果以及授权或拒绝意见反馈给CAB
9	判定是否授权变更	①如果会议拒绝授权变更，或是得到IT执行委员会的拒绝指示，则应将RFC退还给变更发起人并关闭变更，同时将拒绝理由和相关反馈意见记入变更日志中； ②如果会议通过变更授权，或是得到IT执行委员会的授权指示，则正式授权变更管理者实施变更，进入下一步进行变更规划

续表

序号	步骤名称	说明
10	变更规划	①由CAB成员对实质性变更进行相关规划，商讨详细的变更实施方案和计划，包括创建、测试、回退以及补救计划，并制定变更计划进度表； ②接收来自IT执行委员会授权的变更（包括重大变更、存在争议的变更）以及相关反馈意见，为其进行规划，商讨详细的变更实施方案和计划，包括创建、测试、回退以及补救计划，并制定变更计划进度表
11	协调变更实施	①变更管理者将RFC送往变更实施人员处进行变更； ②负责协调各方资源，确保整个变更按照变更计划进度表实施； ③负责全程监控变更的实施； ④变更管理者也可以委托变更主管全程监控变更
12	实施变更	①变更实施人员根据变更实施进度计划进行变更； ②变更的实施过程包括构建、测试和实施； ③如果变更成功实施，则进入下一步； ④如果不成功，则实施撤销计划回滚变更
13	回顾变更	①变更完成后，变更管理者负责准备回顾资料，召集CAB成员及其他相关部门人员参加会议，对成功实施的变更、重大变更、失败而执行过撤销计划的变更以及被拒绝的变更进行回顾和评估； ②变更管理者负责将回顾结果更新到变更记录中
14	关闭变更	①如果变更是问题等其他流程发起，则提交变更结果给相关处理人； ②对于重大的变更，需提交总结报告至高层； ③整理信息、更新变更记录，正式关闭变更

5.5.4 运维组织体系

运维组织体系包括人员组织、工作模式、岗位职责、技能要求以及绩效考核，见表5-17。

运维组织体系　　表5-17

运维组织体系	体系描述
人员组织	应成立专职的队伍负责运维工作，该队伍由技术人员和管理人员组成，并根据工作内容配备相应专业技术人员。运维队伍根据运维工作对象类别分成多个专业服务组，各专业组分工协作，共同完成运维工作
工作模式	运维队伍应根据运维实际建立高效的工作模式，合理利用资源（图5-25）
岗位职责	进行岗位设计，明确运维岗位，规定岗位职责。岗位职责规定包括维护对象范围、工作内容及工作要求等，根据实际情况，每名运维人员可以任职多个岗位，重要岗位应有两人或两人以上任职
技能要求	运维人员应具备信息技术基础知识、运维岗位所需的专业知识及 CIM 基础平台所支撑业务的相关业务知识；加强人才队伍的建设和培养，定期组织各类培训
绩效考核	成本投入、服务运营、人才发展方面的绩效考核

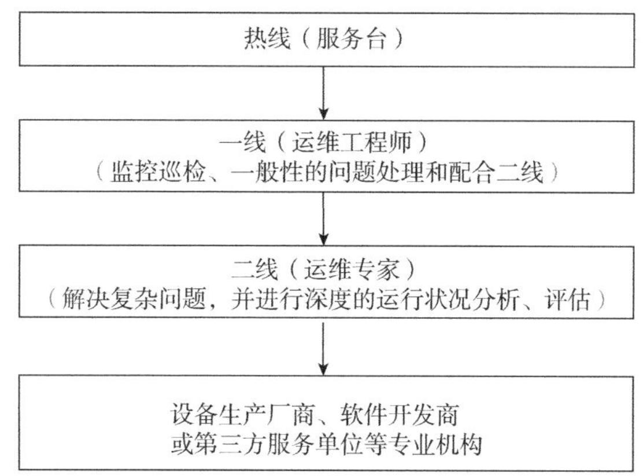

图5-25 运维工作模式

成本投入方面的绩效指标应包括成本分配率、支出预算比、支出分布率，见表5-18。

成本投入关键绩效指标 **表5-18**

指标名称	考核目标	指标定义
成本分配率	考核投资结构的合理性	各种IT投资（如硬件设备、软件资产、咨询服务与项目实施）占总额的比例
支出预算比	考核信息化预算合理性和准确性	信息化建设总支出/信息化预算总额
支出分布率	考核投资范围的合理性	用于提供新功能的IT支出/用于已有功能完善的IT支出

服务运营层面上，包括对运维效率和运维保障两方面进行指标设定，见表5-19。

运维效率和运维保障关键绩效指标 **表5-19**

指标名称		考核目标	指标定义
运维效率	24h内软件服务请求解决率	考核对软件服务请求的解决能力	24h内解决的软件服务请求数据/软件服务请求总数
	48h内硬件服务请求解决率	考核对硬件服务请求的解决能力	考核对硬件服务请求数量/硬件服务请求总数
	服务台每月对事件的直接处理率	考核服务台的服务能力	服务台每月处理的服务请求数据/当月的服务请求总数
	服务台对请求的平均响应时间	考核服务台服务的及时性	从服务台受理请求到开始处理的平均时间
运维保障	平台系统可用性	考核CIM基础平台的服务稳定性	CIM基础平台的可用时间/总工作时间
	事件影响率	考核资源运行的稳定性	影响业务的事件数量/事件总数
	变更控制率	考核变更的控制能力	规定时间段内完成的变更数量/变更总数
	网络可用性	考核基础服务的稳定性	网络正常运行时间/总体工作时间

人才发展方面的绩效指标应包括工作态度、任务完成率、团队意识、领导潜力等，见表5-20。

人才发展关键绩效指标　　表5-20

指标名称	考核目标	指标定义
工作态度	考核职工工作积极主动性	定性描述职工工作的积极主动性
任务完成率	考核职工的工作完成能力	职工任务完成数/分配给该职工的任务总数
团队意识	考核职工的团队协作能力	定性描述职工工作过程中的团队协作能力
领导潜力	考核职工的组织协调能力	定性描述职工工作过程中的组织协调能力

5.5.5 运维保障资源

CIM基础平台运维保障资源包括工具装备、文档资料、备品备件以及管理制度等，详见表5-21。

运维保障资源　　表5-21

运维保障资源	资源描述
工具装备	配备必要的专用仪器、仪表和必要的维护工具。仪器、仪表由专人专管，并定期测检校正。对维护工具的领用做好登记，并妥善保管
文档资料	文档资料建立运维对象清单、平台详细说明、操作手册、应急预案等；将技术资料整理成册；记录平台运行状况、运维服务过程，并整理形成平台运行资料，建立运维知识库，并建立更新维护机制
备品备件	预先储备备品备件，以便在发生故障时能及时更换受损部件。应加强备品备件管理，做好备件入库、领用登记，定期对备品备件进行盘点。备品备件应分类妥善保管，详细记录，并定期检查抽测，以保证其性能良好
管理制度	管理制度体系内容涵盖网络管理、系统及应用管理、安全管理、存储和备份管理、技术服务管理、人员管理以及质量考核等类别，见表5-22

管理制度体系　　表5-22

运维保障资源	资源描述
网络管理	包括网络的准入管理制度、网络的配置管理制度、网络的运行/监控管理制度等
系统及应用管理	包括对主机、数据库、中间件、应用系统的配置管理制度、运行/监控管理制度、数据管理制度等
安全管理	包括网络、主机、数据库、中间件、应用软件、数据的安全管理制度及安全事故应急处理制度
存储和备份管理	包括备份数据的管理制度和备份设备的管理制度
技术服务管理	指对运维管理平台、运维知识库等的使用、维护的有关制度
人员管理	包括对运维人员的能级管理制度、奖惩制度、考核制度等
质量考核	制定相关制度，对以上各类制度的执行情况进行考核

第6章　CIM应用标准

CIM的应用领域非常广泛，如规划、自然资源、住房和城乡建设、交通、水务等各领域以及智慧城市相关的领域。而要为社会提供系列化、标准化的CIM数据产品服务，促进CIM信息的共享和服务，实现CIM的广泛应用，还需制定一系列标准指导CIM的应用。

6.1　工程建设项目

近年来，各有关方面深入推进“放管服”改革，在方便企业和群众办事创业、有效降低制度性交易成本、加快转变政府职能和工作作风等方面取得了明显成效。本书的第1章中我们详细介绍了工程建设项目审批改革与CIM建设的关系。自2018年以来，一系列关于工程建设项目审批改革与CIM建设与应用的政策性文件的下发与实施使得工程建设项目审批改革成为了推动CIM应用的有力抓手。因此，工程建设项目审批是CIM的典型应用之一。

标准是经济活动和社会发展的技术支撑，是国家治理体系和治理能力现代化的基础性制度，是人类文明进步的成果，伴随着经济全球化深入发展，标准体系引领的标准化工作在便利经贸往来、支撑产业发展、促进科技进步、规范社会治理中的作用日益凸显。通过制定标准，规范工程建设项目各阶段涉及的数字化成果的交付要求、审查范围、审查流程，可确保工程项目建设过程中的各个环节都严格遵照国家、地方和行业的有关标准和规范的要求，保证数据及其应用系统等的兼容性、有效性，确保建设内容规范统一，有效指引工程建设各个阶段BIM建模汇交以及在CIM平台上的审查，有助于CIM平台支撑工程建设项目审批改革，促进CIM平台的建设与发展。当前基于CIM平台，面向工程建设项目4个阶段：立项用地规划许可阶段、建设工程规划许可阶段、施工阶段、竣工验收阶段的行业标准《城市信息模型平台工程建设项目数据标准》正处于编制状态，然而由于工程建设项目各阶段的复杂性，4个阶段均需要更细化、更完善的相关标准规范来指导。

6.1.1 立项用地规划许可阶段

本阶段是工程建设项目审批的第一阶段，主要包括项目审批核准、建设项目用地预审与选址意见书核发、建设用地规划许可证核发等事项。要基于城市信息模型平台实现立项用地规划的数字化报建和智能化审批工作，需要编制相应的数据标准和审查指南，规范工程建设项目立项用地规划许可阶段的报建与审查审批流程，指引相关人员应用。数据标准可供审批类、核准类和备案类建设项目用地预审与选址，建设用地规划许可审核及相关土地各环节的数据管理，支撑CIM基础平台开发人员对立项用地规划许可阶段各项业务的系统功能开发，审查指南是支撑规划和自然资源部门相关管理人员在应用CIM基础平台开展项目审批核准、选址意见书核发、用地预审、用地规划许可证核发等工作的规范。上述标准及应用场景关系如图6–1所示。

1. 数据标准

数据标准应覆盖立项用地规划许可阶段全环节的建设用地管理数据，适用于审批类、核准类和备案类建设项目用地预审与选址、建设用地规划许可审核及相关土地各环节的数据管理，指导工程建设项目立项用地规划的数字化报建。

除了对必要的术语和定义进行阐述外，数据标准需针对建设用地规划的管控数据，建设用地管理数据的内容、格式、分类编码、命名规则以及数据基础的基本规定进行阐述。建设用地规划管控数据包括用地规划管控指标数据和专项管控要素数据。

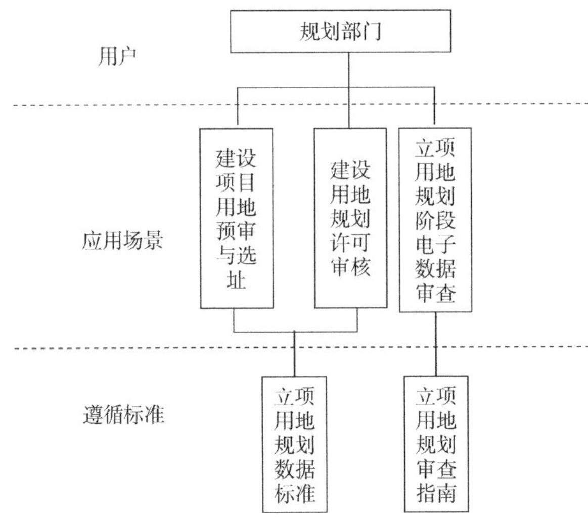

图6–1 立项用地规划许可阶段标准与应用场景

用地规划管控指标数据包括建设用地管理指标和地下空间开发利用指标，建设用地管理指标分为刚性指标和弹性指标，地下空间开发利用指标项均为刚性指标。各类指标审查方式及约束条件如表6-1~表6-3所示。

建设用地管理刚性指标 **表6-1**

序号	指标项	审查方式	约束条件
1	地块编码	自动审查	M
2	用地性质	自动审查	M
3	总用地面积	自动审查	M
4	可建设用地面积	自动审查	O
5	计算容积率总面积	自动审查	M
6	容积率	自动审查	M
7	建筑密度	自动审查	M
8	绿地率	自动审查	M
9	一线/二线建筑控制高度	自动审查	M

建设用地管理弹性指标 **表6-2**

序号	指标项	审查方式	约束条件
1	绿地用地面积	自动审查	C
2	城市道路用地面积	自动审查	C
3	河流水面面积或自然水域面积	自动审查	C

地下空间开发利用指标 **表6-3**

序号	指标项	审查方式	约束条件
1	地下容积率	自动审查	C
2	地下计容建筑面积	自动审查	C
3	竖向高程（顶部）	自动审查	C
4	竖向高程（底部）	自动审查	C

专项管控要素数据宜包括城市设计管控数据、历史文化保护对象管控数据、综合道路交通指标、公共服务及市政公用设施的管控数据、市政管线（廊）的管控要素等，可为用地规划设计条件提供管控依据的各类规划编制指标数据。城市设计管控要素包括地块编码、用地性质等刚性指标，公共开敞空间用地面积、地下空间可建层数等弹性指标，以及城市设计名称、公共开敞空间管控要求等无管控约束的指标，各类指标审查方式及约束条件如表6-4、表6-5所示。历史文化保护对象管控要素包括地块编码、用地性质、保护范围等刚性指标，保护对象风貌管控要求、保

护对象其他管控要求等弹性指标，以及保护对象限高管控要求、保护对象类型、保护等级等无管控约束的指标，各类指标的审查方式及约束条件如表6–6、表6–7所示。综合道路交通的管控要素包括道路交通指标、轨道交通指标和交通场站指标，各类指标的审查方式及约束条件如表6–8、表6–9所示。公共服务及市政公用设施的管控要素包括地块编码、用地性质等刚性指标，以及建筑面积、设施数量、设施类型和设施类型代码等非刚性指标，各类指标的审查方式及约束条件如表6–10、表6–11所示。市政管线（廊）的管控要素包括竖向控制、最小水平净距、最小垂直净距等刚性指标，以及类型、管线（廊）等级、管线（廊）长度、管线数量、管径、管线（廊）设施数量、横断面尺寸等非刚性指标，各类指标的审查方式及约束条件如表6–12、表6–13所示。

城市设计管控要素刚性指标　　表6–4

序号	指标项	审查方式	约束条件
1	地块编码	自动审查	M
2	用地性质	自动审查	M
3	地上建筑管控高度（高值）	自动审查	C
4	地上建筑管控高度（低值）	自动审查	C
5	地下空间可建计容面积	自动审查	C
6	地下空间管控高度（高值）	自动审查	C
7	地下空间管控高度（低值）	自动审查	C

城市设计管控要素非刚性指标　　表6–5

序号	指标项	审查方式	约束条件
1	城市设计名称	辅助审查	M
2	公共开敞空间用地面积	辅助审查	C
3	公共开敞空间管控要求	辅助审查	C
4	高度细分管控弹性	辅助审查	O
5	地上建筑高度细分控制要求	辅助审查	C
6	地下空间可建层数	辅助审查	C
7	地下空间控制要求	辅助审查	O

历史文化保护对象管控要素刚性指标　　表6–6

序号	指标项	审查方式	约束条件
1	地块编码	自动审查	M
2	用地性质	自动审查	M
3	保护范围	辅助审查	M
4	保护对象高度	自动审查	C
5	保护对象限高管控要求	辅助审查	O

历史文化保护对象管控要素非刚性指标　　表6-7

序号	指标项	审查方式	约束条件
1	保护对象类型	辅助审查	M
2	保护等级	辅助审查	M
3	保护对象其他管控要求	辅助审查	O
4	保护对象风貌管控要求	辅助审查	O

综合道路交通的管控要素刚性指标　　表6-8

序号	指标项	审查方式	约束条件
	道路交通		
1	道路宽度	辅助审查	M
2	竖向标高	自动审查	M
	轨道交通		
3	竖向标高	自动审查	M
	交通场站		
4	用地面积	自动审查	M
5	总建筑（建设面积）	自动审查	M

综合道路交通的管控要素非刚性指标　　表6-9

序号	指标项	审查方式	约束条件
	道路交通		
1	道路类型代码	辅助审查	M
2	道路等级	辅助审查	C
3	道路长度	辅助审查	C
	轨道交通		
4	轨道编号	辅助审查	M
5	轨道类型	辅助审查	C
	交通场站		
6	交通场站类型代码	辅助审查	M
7	站场级别	辅助审查	C
8	服务范围半径	辅助审查	C

公共服务及市政公用设施的管控要素刚性指标　　表6-10

序号	指标项	审查方式	约束条件
1	地块编码	自动审查	M
2	用地性质	自动审查	M
3	用地面积	自动审查	M

公共服务及市政公用设施的管控要素非刚性指标　　表6-11

序号	指标项	审查方式	约束条件
1	建筑面积	自动审查	C
2	设施数量	辅助审查	C
3	设施类型	辅助审查	C
4	设施类型代码	辅助审查	M

市政管线（廊）的管控要素刚性指标　　表6-12

序号	指标项	审查方式	约束条件
1	竖向控制	辅助审查	C
2	最小水平净距	辅助审查	C
3	最小垂直净距	辅助审查	C

市政管线（廊）的管控要素非刚性指标　　表6-13

序号	指标项	审查方式	约束条件
1	类型	辅助审查	C
2	管线（廊）等级	辅助审查	C
3	管线（廊）长度	辅助审查	C
4	管线数量	辅助审查	C
5	管径	辅助审查	C
6	管线（廊）设施数量	辅助审查	O
7	横断面尺寸	辅助审查	O

数据标准中不仅需要审查方式和约束条件，还需明确上述管控要素的计量单位、审查依据和管控要求。

除了管控数据之外，建设用地管理数据也是重要的数据组成部分，可应用于建设用地管理全链条业务数据成果的管理。这部分数据包括自然资源和规划领域中建设用地管理业务全链条所涉及的图形或模型数据及相关要素信息，这些数据宜来源于法定规划成果及业务管理环节，涉及建设项目用地预审与选址、土地征收、土地储备、土地供应和土地不动产权证等方面，是工程建设项目在各环节流转时确定的必要且核心的信息。数据标准需明确上述管控数据项的图形绘制与存储技术要求。表6-14列举了上述管控数据项图形要素以及部分约束条件为必选的属性项。

建设用地管理数据图形要素技术要求列举 表6-14

图形要素	图形要求	属性项	数据类型
建设项目用地预审与选址			
建设项目用地预审与选址意见书红线	多边形（面）/体块模型	要素编码	Char
		项目生成号	Char
		项目代码	Char
		选址号	Char
		复文号	Char
		建设单位	Char
		出案日期	Date
		核发机关	Char
		有效期限	Date
		分地块编码	Char
		相关文证号	Char
建设项目用地预审与选址意见书_代征红线	多边形（面）/体块模型	要素编码	Char
		项目生成号	Char
		项目代码	Char
		所属类型	Char
土地征收			
征收启动公告及预公告	多边形（面）	申请单位	Char
		复文号	Char
		复文日期	Date
		用地位置	Char
		拟征收土地现状用地性质	Char
		拟征收土地规划用途	Char
		拟征收土地位置	Char
		拟征收土地面积	Float
征收审批	多边形（面）	批准权	Char
		宗数	Char
		开发土地用途	Char
		土地权属情况	Char
批后实施	多边形（面）	土地方案号	Char
		用地预审文件	Char
		规划许可证文件	Char
		征收公文号	Char
土地储备			
拟收储地块	多边形（面）	要素编码	Char
		地类名称	Char
		土地用途	Char
		地块面积	Char
在施收储地块	多边形（面）	要素编码	Char
		进度说明	Char
		地块面积	Float

续表

图形要素	图形要求	属性项	数据类型
在库存储地块	多边形（面）	行政区名称	Char
		复文号	Char
		土地用途	Char
		地块面积	Float
拟供应储备地块	多边形（面）	行政区名称	Char
		土地类型	Char
		土地用途	Char
		地块面积	Float
已供应储备地块	多边形（面）	划拨决定书/出让合同编号	Char
		批次编号	Char
		批次名称	Char
		批准机关	Char
		依据文件	Char
		是否分期结案	Char
		选址意见书编号	Char
用地红线储备地块	多边形（面）	文号	Char
		用地总面积	Float
		可建设用地面积	Float
		使用性质	Char
		地形图号	Char
土地供应			
国有建设用地划拨决定书_总用地	多边形（面）	划拨决定书编号	Char
		电子监管号	Char
		划拨建设用地使用权人	Char
		划拨宗地面积	Float
		建筑控制高度	Float
		动工时间	Date
		竣工时间	Date
国有建设用地划拨决定书_净用地	多边形（面）	划拨决定书编号	Char
		电子监管号	Char
		划拨建设用地使用权人	Char
		规划文号	Char
		报批文号	Char
		建筑控制高度	Float
国有建设用地划拨决定书_代征用地	多边形（面）	要素编码	Char
		项目生成号	Char
		项目代码	Char
		用地方案号	Char
		划拨决定书编号	Char
		所属类型	Char

续表

图形要素	图形要求	属性项	数据类型
国有建设用地使用权出让合同_总用地	多边形（面）	用地方案号	Char
		批准文号	Char
		取得方式	Char
		宗地面积	Float
		出让面积	Float
		土地用途	Char
国有建设用地使用权出让合同_净用地	多边形（面）	用地方案号	Char
		批准文号	Char
		取得方式	Char
		建筑控制高度	Float
		动工时间	Date
		竣工时间	Date
国有建设用地使用权出让合同_代征用地	多边形（面）	要素编码	Char
		项目生成号	Char
		项目代码	Char
		用地方案号	Char
		合同编号	Char
建设用地规划许可	多边形（面）/体块模型	许可证号	Char
		复文号	Char
		用地单位	Char
		批准用地机关	Char
		批准用地文号	Char
		图号	Char
		发证机关	Char
		发证日期	Date
		分地块编码	Char
		相关文证号	Char
建设用地规划许可_代征用地	多边形（面）/体块模型	要素编码	Char
		项目生成号	Char
		项目代码	Char
		许可证号	Char
		所属类型	Char
桩点（界址点）	点	要素编码	Char
		项目生成号	Char
		项目代码	Char
		许可证号	Char

续表

图形要素	图形要求	属性项	数据类型
土地不动产权证			
国有建设用地使用权登记、集体建设用地使用权登记、宅基地使用权登记	多边形（面）	不动产单元号	Char
		业务号	Char
		权利类型	Char
		登记类型	Char
		使用权面积	Float
		不动产权证号	Char
		区县代码	Char
		登记机构	Char
		登簿人	Char
		登记时间	Date
		权属状态	Char

2. 审查指南

立项用地规划审查指南是为明确工程建设项目立项用地规划许可的范围及审查内容，记录审查系统中规范条文的拆解逻辑而制定的，适用于指引相关应用人员基于CIM平台开展立项用地规划许可阶段审批、复核等工作。

审查指南主要技术内容除了总则、术语之外，还应包括基本规定、审查范围及条文拆解。基本规定中需明确审查人员应用本标准进行审查工作时的基本要求，包括明确审查对象、信息安全要求、审查工作顺序要求等。审查范围及条文拆解需对涉及工程建设项目立项用地规划阶段电子数据的审查范围、条文内容进行记录，并阐述规范条文的拆解逻辑。

6.1.2 建设工程规划许可阶段

本阶段是工程建设项目审批的第二阶段，主要包括设计方案模型报建审查、建设工程规划许可证核发等事项。为指导和推广基于CIM平台进行建设工程规划审批的应用，应通过编制相应的标准规范建设工程规划报批数据、设计方案信息模型的交付以及报建审查的工作流程。交付数据标准、模型审查指南及应用场景关系如图6-2所示。

1. 交付数据标准

建设工程规划许可阶段的数据交付标准是对本阶段的设计成果提出标准化数据的要求，以及设计成果的数字化交付物内容及深度要求，使得建设工程设计人员可

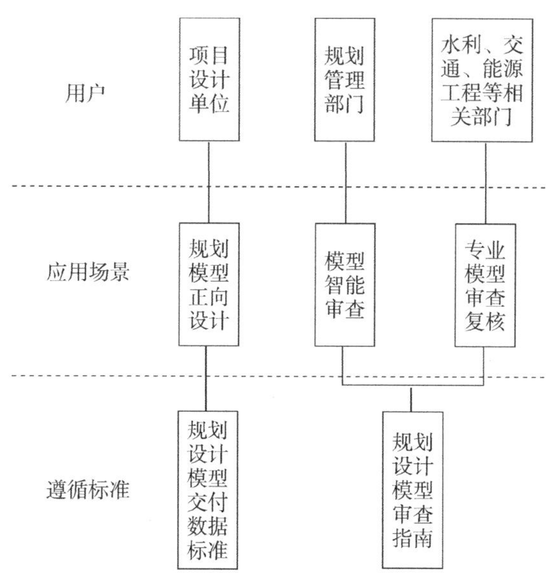

图6-2 建设工程规划许可阶段标准与应用场景

按标准要求完成设计要素，同时规范交付方人员向CIM平台汇交成果，为政府部门开展建设工程方案设计成果计算机自动审查或辅助审查提供指导，促进CIM数据协同，保障数字化成果的完整性、正确性及通用性。因此，交付数据标准需针对建设工程规划的管理数据提出技术要求、指标要求与应用方向等，并在标准中规定在建设工程规划许可阶段的BIM模型交付物、模型创建、模型的几何信息与属性信息表达及交付方式等内容。

建设工程规划管理数据至少涵盖建筑工程、市政工程和交通工程三大类，其技术要求包括图形与模型设置要求、图形与模型信息要求。各类工程的规划管理数据图形及模型单元设置要求的部分列举如表6-15所示。

建设工程规划管理数据图形与模型单元设置要求　　表6-15

类型	内容	绘制/创建依据
建筑工程		
总平面规划管理图形要素及规划报批模型单元	建设项目规划总用地	用地红线的范围界限
	建设项目可建设用地	按照项目规划条件确定的可建设用地轮廓线
	地块功能分区	按照《城市用地分类与规划建设用地标准》GB 50137 —2011小类分类的地块轮廓线
	绿地界线	规划设计方案各类绿地的轮廓线
	建筑基底	规划设计方案建筑基底的轮廓线
	构筑物	规划设计方案投影轮廓线

续表

类型	内容	绘制/创建依据
总平面规划管理工程建造模型单元	地形	—
	园林景观	—
	场地设施	—
建筑单体规划管理图形要素及规划报批模型单元	建筑基底	规划设计方案建筑基底的轮廓线
	建筑分层平面	规划设计方案平面层的轮廓线
	建筑功能分区	规划设计方案平面层使用功能空间的分区界线
建筑单体规划管理工程建造模型单元	幕墙	—
	楼梯	—
	电梯	—
	阳台	—
	台阶	—
市政工程		
水系工程规划管理图形要素及规划报批模型单元	水系工程边线	规划设计方案的水系工程边线
	水系管理范围线	规划设计方案的水系管理范围线
	水系保护线	规划设计方案的水系保护线
水系工程规划管理工程建造模型单元	地形	—
	水体	—
	堤岸	—
	设施结构	—
管线工程（给水、排水、燃气、电力、通信、热力、工业、石油）规划管理图形要素及规划报批模型单元	管线设施	规划设计方案主要设施点符号
	管线中心线	规划设计方案管线中心线
	竖向标高	规划设计方案竖向标高位置和数值
	管线特征点	管线规划设计方案中的变质、变径、分支等特征点
管线工程（给水、排水、燃气、电力、通信、热力、工业、石油）规划管理工程建造模型单元	地形	—
	管道	—
	检查井	—
	阀门井	—
综合管沟（廊）工程规划管理图形要素及规划报批模型单元	综合管沟（廊）设施	规划设计方案主要设施点符号
	综合管沟（廊）中心线	规划设计方案综合管沟（廊）中心线
	综合管沟（廊）工程边线	规划设计方案综合管沟（廊）工程边线
综合管沟（廊）工程规划管理工程建造模型单元	投料口	—
	逃生口	—
	建筑外墙	—
交通工程		
轨道交通工程规划管理图形要素及规划报批模型单元	用地红线	规划设计方案的用地红线
	轨道中心线	规划设计方案轨道中心线
	轨道交通设施结构外边线	规划设计方案轨道交通设施结构外边线
	轨道交通设施	规划设计方案轨道交通设施点符号

续表

类型	内容	绘制/创建依据
轨道交通工程规划管理工程建造模型单元	轨道交通线路	—
	隧道结构	—
	桥梁主梁	—
道路工程规划管理图形要素及规划报批模型单元	用地红线	规划设计方案的用地红线
	道路红线	规划设计方案的道路红线
	道路中心线	规划设计方案道路中心线
	人行道边线	规划设计方案人行道边线
道路工程规划管理工程建造模型单元	桥墩	—
	桥台	—
	隧道主体结构	—

在数据标准中除了明确上述建筑工程、市政工程及交通工程规划管理图形要素的绘制及规划报批过程涉及的各模型单元绘制/创建的依据外，还需说明其图形/模型单元类型及约束条件。

建设工程规划管理数据指标需要对建筑工程、市政工程和交通工程中的指标要求与应用进行规范。各类工程中的重要的规划指标项、审查方式和审查依据如表6–16所示。

建设工程规划管理数据指标表　　表6–16

类型	指标项	审查方式	审查依据
建筑工程			
综合技术经济指标	建设项目规划总用地面积	计算机自动审查	规划条件
	建设项目可建设用地面积	计算机自动审查	规划条件
	居住户（套）数	计算机辅助审查	—
	计算容积率总面积	计算机自动审查	规划条件
建筑单体规划管理数据指标	建筑类型	计算机辅助审查	规划条件
	建筑基底	计算机自动审查	规划条件
	计算容积率总面积	计算机自动审查	规划条件
	建筑高度	计算机辅助审查	—
绿地指标	建设项目可建设用地面积	计算机自动审查	规划条件
	绿地总面积	计算机自动审查	规划条件
	〈绿地类型〉面积	计算机辅助审查	—
	绿地率	计算机自动审查	规划条件

续表

类型	指标项	审查方式	审查依据
停车场（库）指标	停车场（库）类型	计算机辅助审查	—
	地上机动车位数	计算机辅助审查	—
	地下机动车位数	计算机辅助审查	—
配套设施指标	设施名称	计算机自动审查	规划条件
	建筑面积	计算机自动审查	规划条件
	用地面积	计算机自动审查	规划条件
建筑物功能指标	地下建筑面积	计算机辅助审查	—
	地下〈建筑功能名称〉面积	计算机辅助审查	—
	计算容积率总面积	计算机自动审查	规划条件
	〈建筑功能名称〉计算容积率	计算机辅助审查	—
建筑物分层明细指标	建筑层高	计算机辅助审查	—
	建筑面积	计算机辅助审查	—
	计算容积率面积	计算机自动审查	规划条件
海绵城市指标	年径流总量控制率	计算机辅助审查	—
市政工程			
水系工程规划管理数据指标	水系类型	计算机辅助审查	—
	规划长度	计算机辅助审查	—
	规划标准宽度	计算机辅助审查	—
管线工程规划管理数据指标	管线设施个数	计算机辅助审查	—
	管线间距	计算机辅助审查	—
	管线和建（构）筑物间距	计算机辅助审查	—
综合管沟（廊）工程规划管理数据指标	覆土深度	计算机辅助审查	—
	通风口、投料口、逃生口等附属物出地面面积	计算机辅助审查	—
	通风口、投料口、逃生口等附属物出地面高度	计算机辅助审查	—
交通工程			
道路工程规划管理数据指标	最小坡长	计算机辅助审查	—
	净空	计算机辅助审查	—
	最小平曲线半径	计算机辅助审查	—
轨道交通工程规划管理数据指标	保护带宽度	计算机辅助审查	—
	红线与建筑间距	计算机辅助审查	—
	车站出入口占地面积	计算机辅助审查	—

在标准中，还应对上述工程重要规划指标项的计量单位和管控要求等指标内容与应用要求进行规定。

在建设工程规划许可阶段交付的BIM模型是设计方案BIM。设计方案BIM宜采用几何精度和属性信息表对模型交付物进行辅助性描述，交付前需要确认交付物是否符合应用需求和执行计划、是否经过必要的质量管控程序、交付物中的各部分（模型、模型单元、信息和文件）的分类、编码、命名、颜色、存储、传递等是否符合现行相关标准/协议，内容是否完整。

设计方案BIM汇交元素应包含建筑工程元素、桥梁工程元素、道路工程元素、隧道工程元素、管线工程元素、轨道工程元素和综合管沟（廊）工程元素。交付标准应明确该阶段汇交的模型几何信息等级及属性信息等级。

总而言之，建设工程规划管理数据交付标准的制定将利于提高建设工程规划审批的规范性和科学性，确保建设工程规划管理数据与CIM平台的衔接。

2. 审查指南

设计方案BIM审查指南是为明确建设工程规划许可阶段设计方案BIM的审查范围及审查内容，规定建设工程规划许可阶段BIM报建审查流程而制定的，适用于指引相关应用人员基于CIM平台开展指导建设工程规划许可阶段的BIM报建的审查工作。

审查指南主要技术内容除了总则、术语之外，还应包括基本规定、审查范围及条文拆解。基本规定中需明确审查人员应用本标准进行审查工作时的基本要求，包括明确审查对象、信息安全要求、审查工作顺序要求等。审查范围及条文拆解需对BIM审查所涉及的规范条文内容进行记录，并对条文的拆解逻辑进行阐述。

6.1.3　施工阶段

本阶段是工程建设项目审批的第三阶段，主要包括施工图模型审查、施工许可证核发等事项。为规范施工阶段施工图模型的交付内容、审查内容及流程，提升施工图审查效率，需对施工图审查电子数据、施工图模型交付要求以及施工图模型审查技术制定相应标准和规范。交付数据标准、模型审查指南及使用对象关系如图6-3所示。

1. 交付数据标准

施工图审查电子数据是指在施工阶段以数字化形式存储、处理、传输的电子数据，包含工程图纸、施工图信息模型、其他文件等内容。

施工图审查电子数据标准主要为规范交付至城市信息模型平台的工程建设项目施工阶段数据，促进基于城市信息模型平台的数据交换与共享。应规范电子数据的

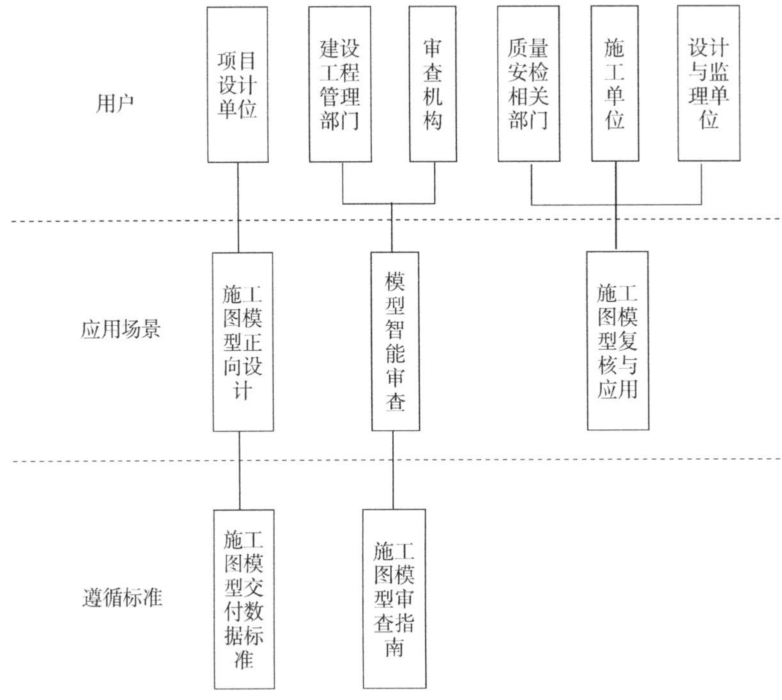

图6-3　施工阶段标准与应用场景

基本规定、汇交至CIM平台的施工图模型的交付深度、模型单元属性信息要求与属性审查信息要求等内容。

基本规定中应对一般规定、命名规则、文件组织等内容进行阐述。电子数据成果的表达方式宜包括模型、图纸、图像、表格、文档、点云、多媒体及网页等，施工图审查电子数据要承继建设工程规划电子数据的主要信息，数据的交付方应保证数据的完整性和一致性，以保证能把施工图设计的主要信息传递至竣工验收备案阶段。CIM平台则需保证数据的安全性。

施工图审查电子数据的命名规则包括对文件夹、文件及模型构件的命名。文件夹的命名应由项目名称、项目子项、所处阶段组成，文件的命名应由项目子项、专业、自定义说明组成，模型构件命名可包括构件的类别、名称、尺寸，符合设计或工程建设要求，并可反映其关键参数。

施工图审查电子数据中的信息模型要符合实际工程要求进行组织，可按工程专业、楼层、建筑功能等方法进行组织。施工图模型汇交是以模型单元作为基本组成要素，应首先对模型单元进行系统分类，并参考《建筑信息模型设计交付标准》GB/T 51301—2018中的有关规定，对交付的施工图模型中所包含的各类工程元素，细分到工程对象进行几何精细度与属性深度的等级划分，并规范施工图模型汇交的各类工程元素的几何信息和属性信息。几何信息即是对建筑信息模型（BIM）内部结构和外部空间中的几何形状、几何位置、几何描述、几何变量等信息的描述。属性信息即除几何信息以外的所有信息的集合，如建筑材料材质信息等信息的集合。

2. 审查指南

施工图模型技术审查标准是为规定在施工阶段各专业汇交的模型审查范围及条文内容说明而制定的，适用于指导相关工作人员应用CIM平台实现施工图模型审查及施工许可证核发，开展施工图审查审批等工作。

施工图模型技术审查标准的技术内容除了总则、术语之外，还应包括基本规定、规范审查范围和条文内容拆解、工程对象的模型单元属性信息要求和审查结果等内容。

基本规定需要明确基于CIM平台进行施工图审查时要分专业进行，审查的主要对象是汇交至CIM平台的施工图模型，审查时应按照合标性、合规性、人工辅助的顺序执行等基本原则进行。

规范审查范围和条文内容拆解需记录所涉及的规范审查条文、条文是否为强条、条文的主要内容以及所关联模型信息。

工程对象的模型单元属性信息要求需明确施工图模型中所涉及的工程对象，分类分项明确模型信息，包括位置特征点信息和属性信息。

审查结果需明确建筑审查各问题构件审查结论报告的内容以及查验方法。报告可按照问题类型、法规/标准编号、强条类型、审查意见等相关要素，对审查不通过构件进行列表报告。

6.1.4 竣工验收阶段

本阶段是工程建设项目审批的第四阶段，主要包括规划、土地、消防、人防、档案等验收及竣工验收备案等事项。为规范竣工验收模型的交付流程、交付内容及格式，指引相关应用人员基于CIM平台进行竣工验收模型的交付，需编制相应标准。数据标准可指引竣工验收阶段的交付方、建模软件开发方、CIM基础平台系统功能开发人员、工程建设项目的建设方以及相关管理部门人员开展相应工作，数据标准与竣工验收备案技术标准及标准使用对象的关系如图6–4所示。

1. 数据标准

竣工验收备案电子数据是工程建设过程中形成的，以数字化形式存储、处理、传输，并能用于竣工验收备案的电子数据，包含工程图纸、竣工验收模型及其他文件。竣工验收备案电子数据标准应对模型电子数据的基本规定、数据要求、交付内容、交付深度以及电子数据组织等内容进行阐述。

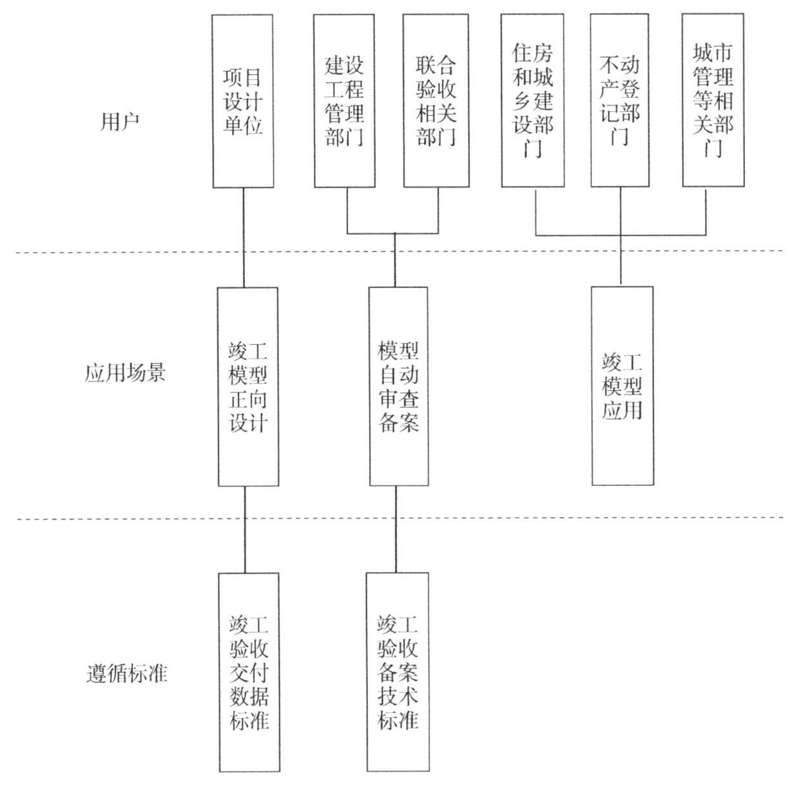

图6-4　竣工验收阶段标准与应用场景

基本规定中需要对一般规定、命名规则、文件组织等内容进行阐述。一般规定中应对竣工验收备案电子数据的安全性、完整性、一致性、承继性、时空基准等内容进行说明。命名规则需对竣工验收备案电子数据的文件夹及文件命名体系进行说明，并明确与施工阶段电子数据命名体系的联系。

数据要求中应明确电子数据的交付方式。竣工验收备案电子数据包括三维模型、碰撞报告、设计变更、施工变更及项目相关的数据资料，为了方便校核人员下载、打开和查阅，应该对各类数据资料通过转换格式或者打包压缩的形式进行轻量化处理。为了便于竣工验收备案信息模型校审人员通过CIM平台直观、快速、精准的复核竣工验收备案信息模型并进行入库备案，也应对竣工验收备案信息模型进行轻量化的处理，可由上传单位对竣工验收备案信息模型进行收集、归类和整理，将项目各参与方提供的竣工验收备案信息模型转换成统一的轻量化格式，并将各参与方提供的竣工验收备案信息模型统一项目的坐标、方向、轴网及楼层设置。

竣工验收备案电子数据交付需包含工程图纸、竣工验收模型及其他文件等交付物的内容及深度要求。工程图纸的交付要明确制图需要符合《房屋建筑制图统一标准》GB/T 50001—2017的规定，所交付的图纸要带有电子签章。竣工验收模型的交付宜根据工程特点和实际需求按专业拆分或按分部分项拆分提交，并根据《建筑信息模型设计交付标准》GB/T 51301—2018中的有关规定，对交付的竣工验收模型中所包含的各类工程元素，细分到工程对象进行几何精细度与属性深度的等级划分，并规范竣工验收模型汇交的各类工程元素的几何信息和属性信息。交付的其他文件应说明其内容及应符合的要求。

为了更有利于竣工验收备案电子数据组织及数据共享，需要对竣工验收备案管理数据库的数据架构、数据库定义等内容进行说明。

2. 竣工验收备案技术标准

为给竣工验收备案交付成果的交付行为提供一个可操作性、兼容性强的统一基准，指引基于CIM平台开展竣工验收备案工作，便于相关应用人员开展工作，应编制标准对竣工验收备案流程、专项验收内容、竣工验收备案检查等内容进行规定。

竣工验收备案流程应对流程中的各个阶段以及各阶段开展的工作内容进行说明。以广州市为例进行说明，流程图如图6-5所示。

竣工验收备案的专项验收内容是对规划条件核实、人防工程验收备案、消防验收（或备案）、工程质量竣工验收监督和其他专项验收备案的模型交付物及辅助交付内容进行规范。

竣工验收备案检查包括对模型数据完整性检查、模型与验收规范匹配检查、一致性检查等内容（图6-6）。其中，完整性检查主要分为辅助数据完整性、变更材料完整性两部分。模型与验收规范匹配检查可从竣工验收、消防验收（或备案）、人防工程验收备案三个专项列举验收规范及所涉及的检查标准的条文内容，阐述竣工验收备案电子数据与验收规范、标准的对应关系。一致性检查包括竣工验收模型与施工图模型的一致性检查和实体与模型的一致性检查两部分内容。对应的标准内容需阐述一致性检查的主要指标和明确可采用的方法。

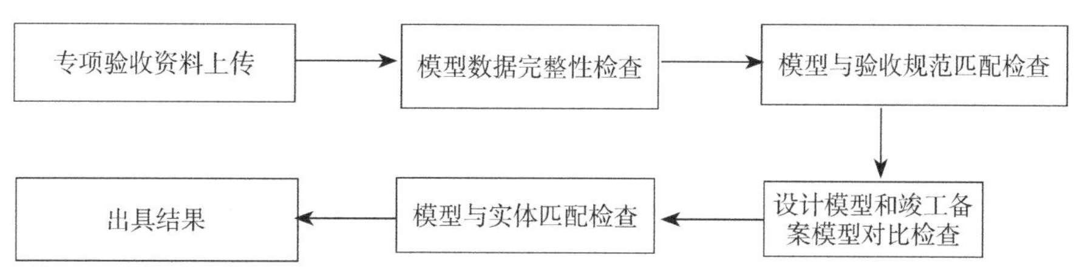

图6-5　竣工验收备案流程图（以广州为例）

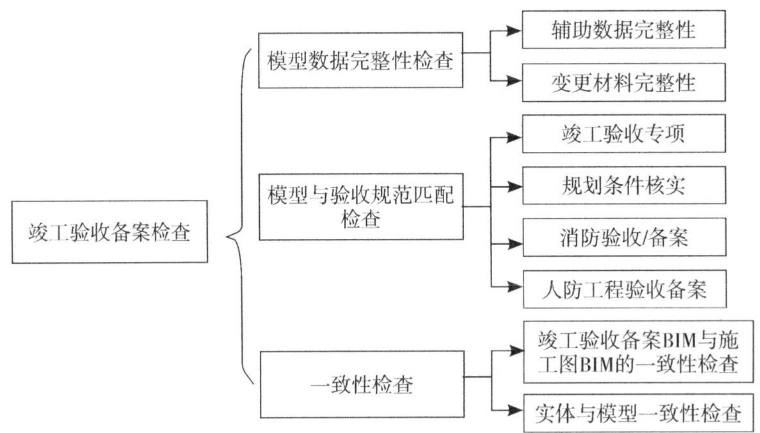

图6-6　竣工验收备案检查

6.2　CIM其他应用

为保障基于CIM基础平台在各行业的应用而制定一系列的标准，可应用的行业涵盖规划和自然资源、住房和城乡建设、交通和水务等。

6.2.1　规划编制与审查应用

城市基础设施是保障城市正常运行和健康发展的基础，也是实现经济转型的重要支撑、改善民生的重要抓手、防范安全风险的重要保障。2020年8月，住房和城乡建设部、中央网信办、科技部、工业和信息化部等七部委印发了《关于加快推进新型城市基础设施建设的指导意见》（建改发〔2020〕73号）提出要以“新城建”对接“新基建”，引领城市转型发展，整体提升城市的建设水平和运行效率，明确新型城市基础设施建设包括城市信息模型（CIM）平台建设、智能化市政基础设施建设和改造等七项任务。2022年，《“十四五”住房和城乡建设科技发展规划》（建标〔2022〕23号）提出“以建立绿色智能、安全可靠的新型城市基础设施为目标，推动5G、大数据、云计算、人工智能等新一代信息技术在城市建设运行管理中的应用，开展基于城市信息模型（CIM）平台的智能化市政基础设施建设和改造研究。”

为提高智慧化市政基础设施建设运营的数字化和信息化、智慧化水平，加快城市信息模型基础平台在市政基础设施普查和综合管理等方面的应用，实现基于CIM技术支撑智慧化城市基础设施建设运营的建设及应用，有针对性的编制《基于CIM的智慧市政基础设施建设与应用指南》标准，指南的内容应包括总则、术语及缩略语、基本规定、市政基础设施智能化建设、市政基础设施数据、市政基础设施典型应用等章节（图6-7）。

本指南是为规范基于CIM平台及数据，支撑市政基础设施普查和综合管理应用制定的，适用于指导各部门基于CIM基础平台开展市政基础设施相关专题应用。其业务应用与标准的关系如图6-8所示。

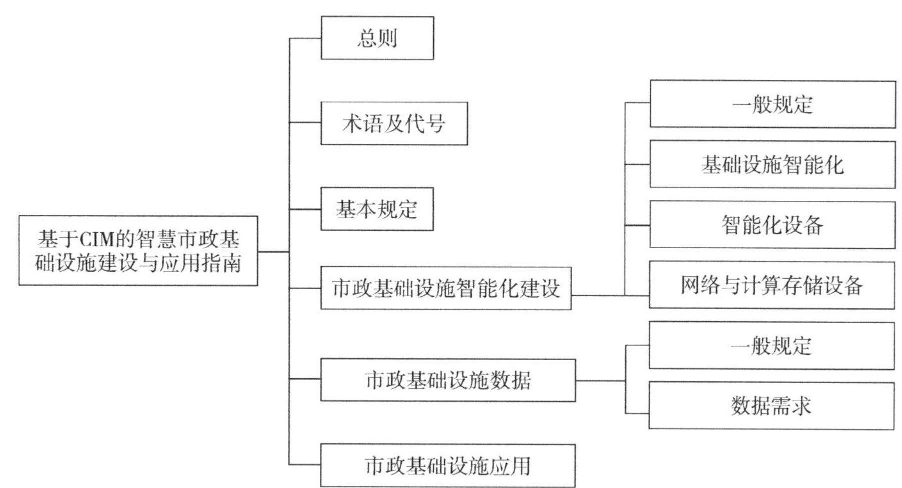

图6-7 《基于CIM的智慧市政基础设施建设与应用指南》框架

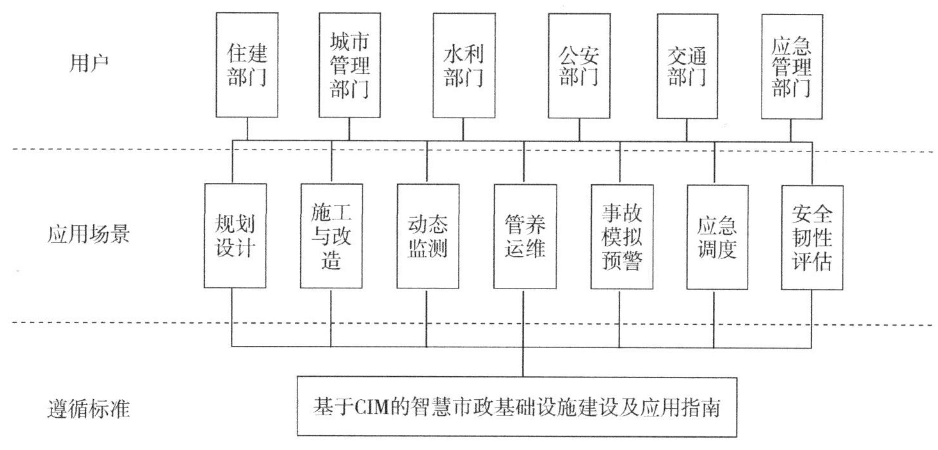

图6-8　基于CIM的智慧市政基础设施建设及应用指南标准与应用关系图

6.2.2　自然资源应用

为推动自然资源领域科技发展，组织制定技术标准、规程规范，实施重大科技工程及创新能力建设，推进自然资源信息化和信息资料的公共服务，支撑各相关部门基于CIM平台开展对自然资源调查、确权及审核等工作，需制定《自然资源应用数据标准》和《自然资源应用指南》。

《自然资源应用数据标准》包括总则、术语及缩略语、基本规定、数据构成、数据入库、更新与共享等内容（图6-9），适用于规范基于CIM基础平台开展的各类自然资源数据的采集、入库与更新。

基于城市信息模型平台开展各类应用的《自然资源应用指南》应包括总则、术语及缩略语、基本规定、应用开发接口等。该指南是为了规范相关业务部门人员基于CIM平台，开展精细化、立体化的自然资源调查、监测、评估与确权等业务，适用于用途管制、确权登记、地质矿产管理、调查监测及测绘管理等相关部门应用。

基于CIM的自然资源应用需结合自然资源部门职责及业务场景，依据地方实际情况建立合适的CIM模型，支撑自然资源部门业务应用，业务应用与标准的关系如图6-10所示。

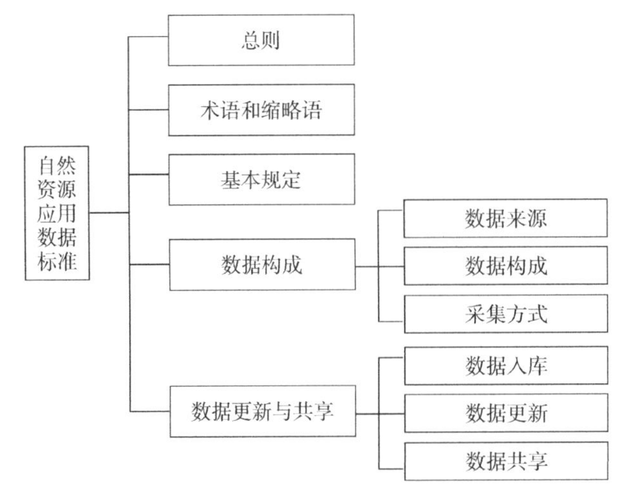

图6-9 《自然资源应用数据标准》框架

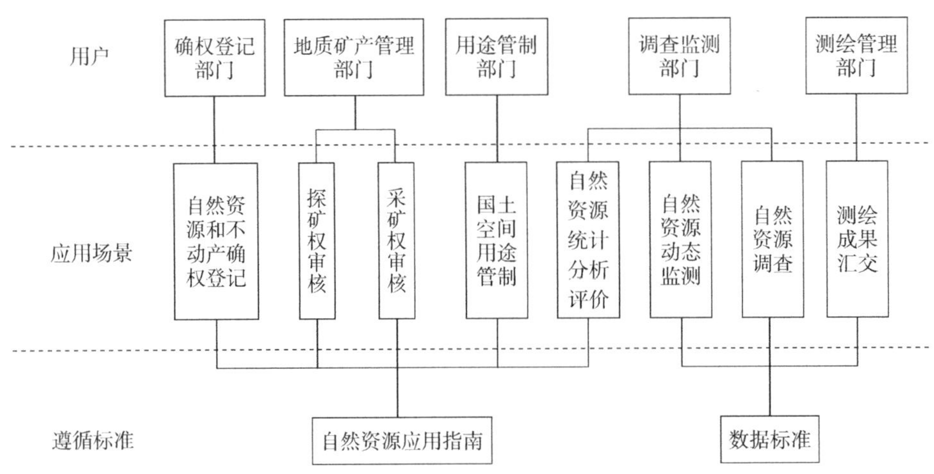

图6-10 基于CIM的自然资源标准与应用关系图

6.2.3 住房和城乡建设应用

2020年12月，全国住房和城乡建设工作会议上提出了在2021年要全力实施城市更新行动，推动城市高质量发展。要稳妥实施房地产长效机制方案，促进房地产市场平稳健康发展，要加快发展“中国建造”，推动建筑产业转型升级，更要持续推进改革创新。为落实、保证住建相关业务部门的工作基于CIM基础平台顺利开展，应编制相应的数据标准及系列应用指南。

《城市信息模型基础平台住房与城乡建设应用数据标准》包括总则、术语及缩略语、基本规定、数据构成、数据更新与共享（图6-11），适用于规范基于CIM基础平台开展的各类住建业务相关数据的采集、入库与更新。

《基于CIM的住房与城乡建设应用指南》包括总则、术语及缩略语、基本规定、各类应用的应用场景功能和应用开发接口要求等。该指南是为了规范基于CIM平台开展住建业务的，适用于指导相关业务部门人员基于CIM平台开展例如房屋普查、建筑能耗监测、城市更新、城市体检、智慧工地和智慧社区等业务场景。

1. 房屋普查应用

房屋普查应用需要采集城市现状倾斜摄影数据，依据地方实际情况建立合适的CIM模型，并将建筑单体模型关联住建业务成果，支撑房屋普查的快速推进，其业务应用与标准的关系如图6-12所示。

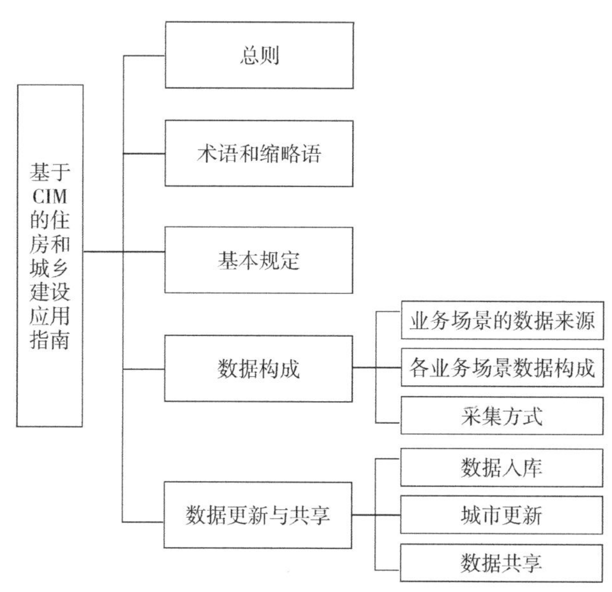

图6-11 《城市信息模型基础平台住房与城乡建设应用数据标准》框架

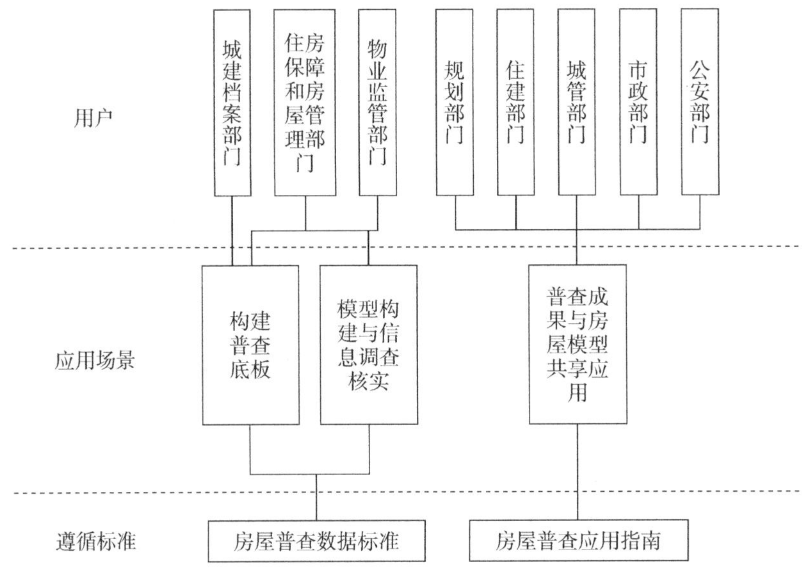

图6-12　房屋普查标准与应用关系图

2. 建筑能耗监测应用

基于CIM关联整合建筑能耗监测业务，实现建筑能耗监测专题应用，其业务场景及用户如图6-13所示。

3. 城市更新应用

基于CIM基础平台将高精度实景三维模型融入城市更新全流程，有助于盘活存量土地，改善城区环境，调整产业结构，加快实现“老城市，新活力”。其业务场景及用户如图6-14所示。

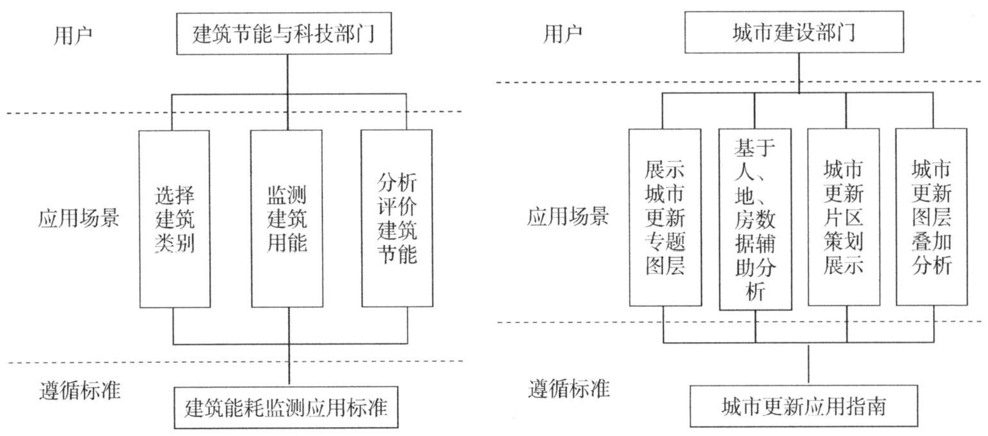

图6-13　建筑能耗监测标准与应用关系图　　图6-14　城市更新标准与应用关系图

4. 智慧工地应用

随着建设规模不断扩大，政府监督、社会监理的难度都增加了，而工程质量发生问题，大都与监理缺失或者不到位有关，故急需改进完善监理制度，清理工程建设中存在的积弊短板。基于CIM基础平台，整合工程建设业务数据，查看和监督工程实际情况，切实保障工程建设，实现智慧工地专题应用，其业务应用与标准的关系如图6–15所示。

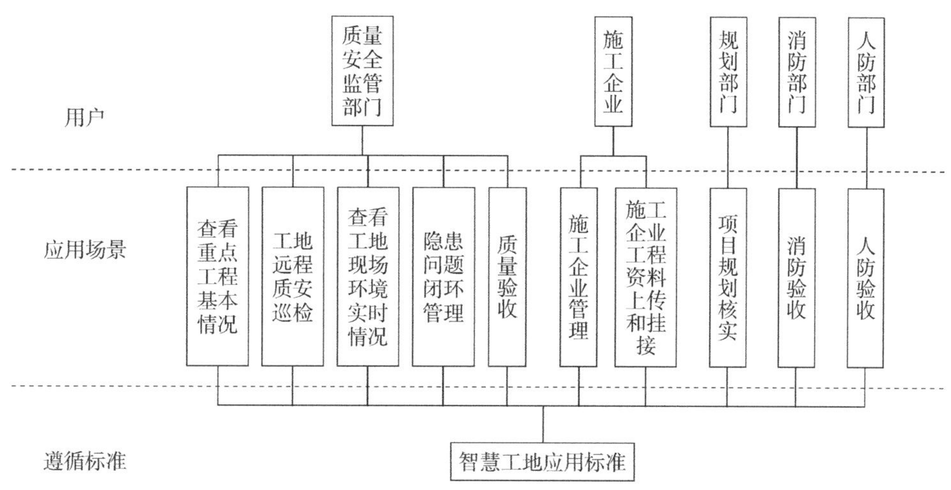

图6–15 智慧工地标准与应用关系图

5. 城市体检应用

城市体检既是我国城市治理体系和治理能力建设的迫切需要，又是推动人居环境高质量发展的重要举措。基于CIM基础平台，利用空间数据与社会大数据的结合，发现城市短板问题，精准施策开展城市体检工作。基于CIM关联城市体检业务，实现城市体检专题应用，其业务应用与标准的关系如图6–16所示。

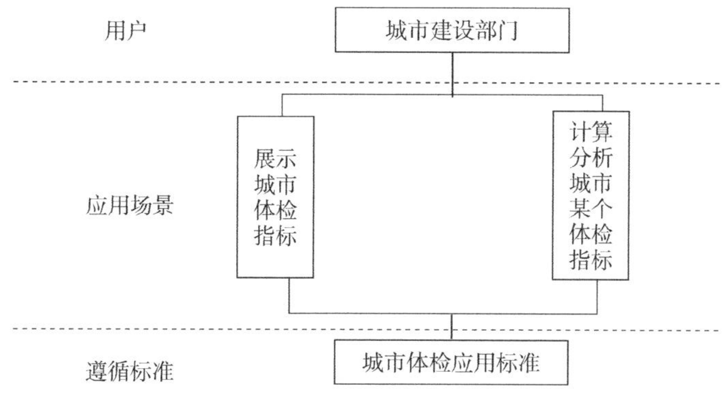

图6–16 城市体检标准与应用关系图

6. 智慧社区应用

基于CIM基础平台，支撑智慧社区建设业务，实现智慧社区专题应用，其业务应用与标准的关系如图6-17所示。

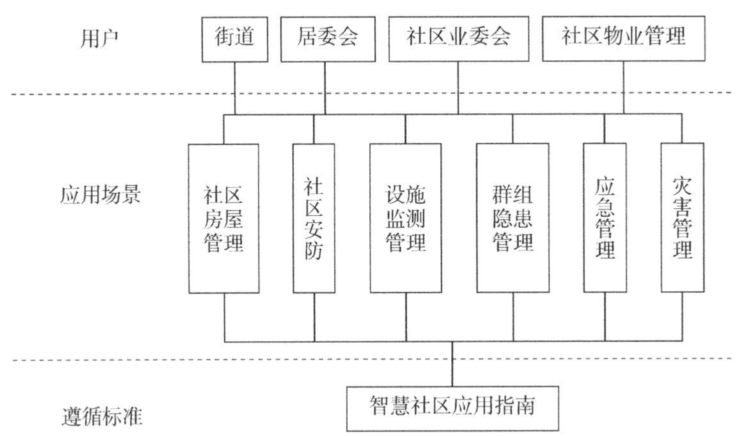

图6-17 智慧社区标准与应用关系图

6.2.4 交通

随着经济社会快速发展，新一代信息技术与交通运输深度融合发展的趋势日益明显。信息化是实现智慧交通的重要载体和手段，智慧交通是交通运输信息化发展的战略方向和目标。基于CIM基础平台，可为智慧交通提供三维模型数字底板，应编制《基于CIM的智慧交通应用指南》，规范CIM平台及数据，支撑实时路况三维仿真、交通预测及交通诱导、路网分析、事件预警与信息发布等智慧服务，其业务应用与标准的关系如图6-18所示。

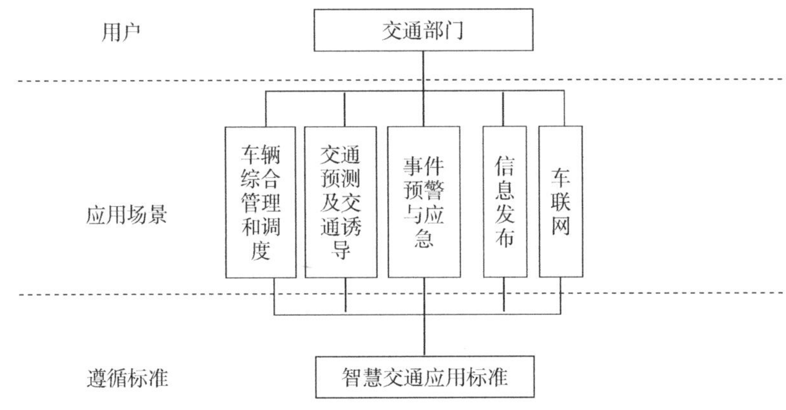

图6-18 智慧交通标准与应用关系图

6.2.5 水务

随着水资源短缺和水环境污染等问题的日渐突出，在新一代信息技术的推动下，“智慧水务”应运而生，成为传统水务转型升级的重要方向，在水务管控与调度、资源管理与协调、安全生产与环境保护、能源管理与优化等多个方面进行业务创新，实现了水务智慧化管理。

基于CIM支撑水务业务，实现智慧水务专题应用，可编制《基于CIM的智慧水务应用指南》，规范CIM平台应用功能体系建设要求，平台功能体系可具备城市内涝三维模拟展示、内涝预警、实时监测、排水设施管理和指挥调度等能力，支撑海绵城市规划设计、施工与改造、动态监测、管养运维、灾害模拟预警、洪涝应急调度等应用需求。其业务应用与标准的关系如图6-19所示。

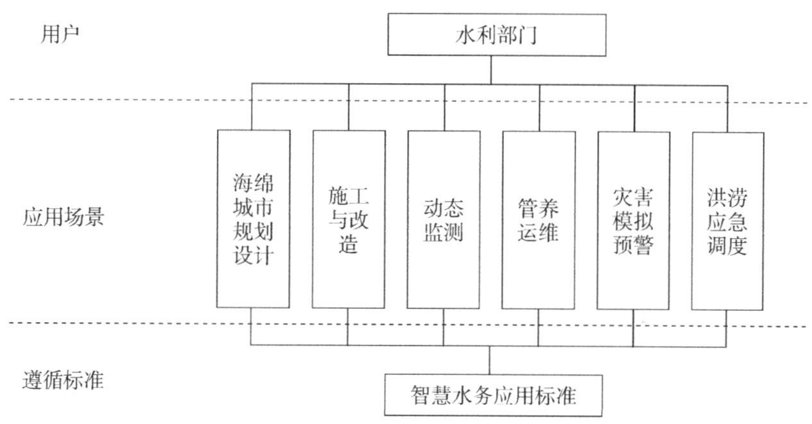

图6-19 智慧水务标准与应用关系图

第7章　实践案例

7.1　广州市CIM标准体系

广州市住房和城乡建设局以及广州市规划和自然资源局根据CIM平台建设试点城市工作要求，分别开展了城市信息模型标准体系研究工作。其中，广州市住房和城乡建设局根据行业发展需要，考虑未来发展趋势，遵循完整、协调、先进和可扩展的理念，以目标明确、全面成套、层次适当、划分清楚为基本原则，采用“A–C–R–E–O”循环法等有效的构建方法构建了一套城市信息模型标准体系；广州市规划和自然资源局对照住房和城乡建设部的试点工作要求，按照市的工作方案，结合广州市规划和自然资源管理职能和管理特色，构建了广州市规划资源CIM平台技术标准体系。

广州市住房和城乡建设局构建的城市信息模型标准体系中的标准为CIM各领域已发布实施的、正在制定的或计划制定的行业标准、地方标准等，其范围涵盖CIM的平台建设、数据融合、CIM+应用等多方面的技术规范要求。CIM标准体系框架由如下六类标准组成，即总体标准、平台建设与运维类标准、数据类标准、应用类标准、评价类标准、安全类标准（图7–1）。

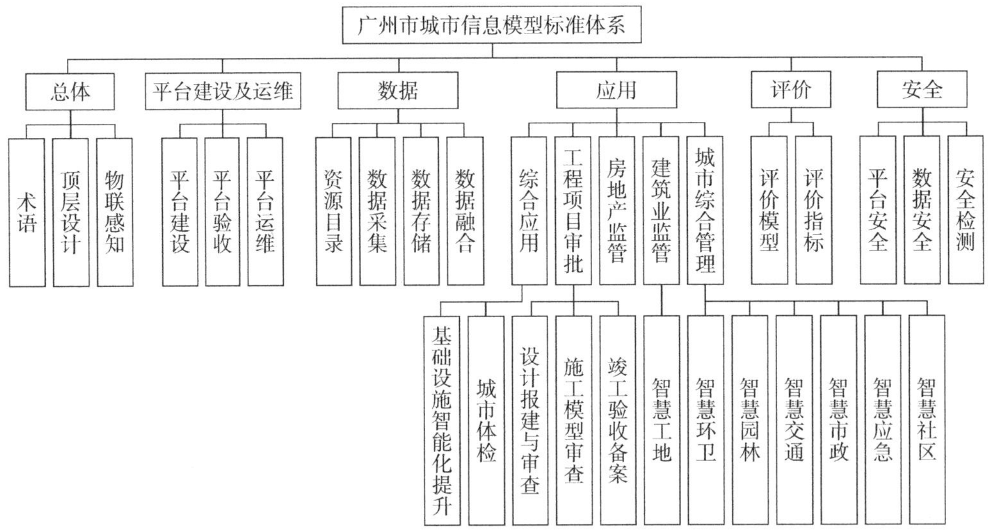

图7–1　广州CIM标准体系框架

（1）总体标准：城市CIM平台建设与应用亟需标准进行引导规范及顶层设计做指导，与现有相关系统实现资源协同，并避免交叉重复。总体标准主要是CIM相关的国家标准，是总体性和框架性的标准，包括术语、顶层规划等方面的标准。

（2）平台建设与运维类标准：平台是CIM中不同部门、不同用户异构系统间资源共享和业务协同的基础，避免低水平重复建设、资源浪费等问题，有效支撑相关行业的再利用。平台建设与运维相关标准包括平台技术、工程规划审查、建筑设计方案审查、施工图审查、竣工验收备案等。

（3）数据资源类标准：CIM平台建设离不开城市信息资源目录、三维建模等方面的支持，是构建CIM的基础。数据相关标准包括资源目录、数据采集、数据存储、数据融合等。

（4）应用类标准：基于CIM技术开展的城市各领域智慧化管理与服务不断推陈出新，通过CIM平台支撑专项领域应用。涉及应用的相关标准包括综合应用、工程项目审批、房地产监管、建筑业监管、城市综合管理等。

（5）评价类标准：针对CIM平台体系在评价方面的标准化工作，主要围绕评价模型、评价指标等。

（6）安全类标准：在CIM平台建设与应用中，落实信息安全防护体系，防止因为信息安全事件对城市运行造成影响，支撑城市综合治理的基本要求。安全相关的标准包括平台安全、数据安全、安全检测等。

广州市规划资源CIM平台技术标准体系主要结合广州规划和自然资源管理职能和管理特色，构建了包含2级层次，共3个一级板块、13个二级板块的技术标准体系框架（图7-2）。城市信息模型（CIM）术语及信息安全两个版块，因具有普适性和权威性，不再另行制定，直接使用国家标准。

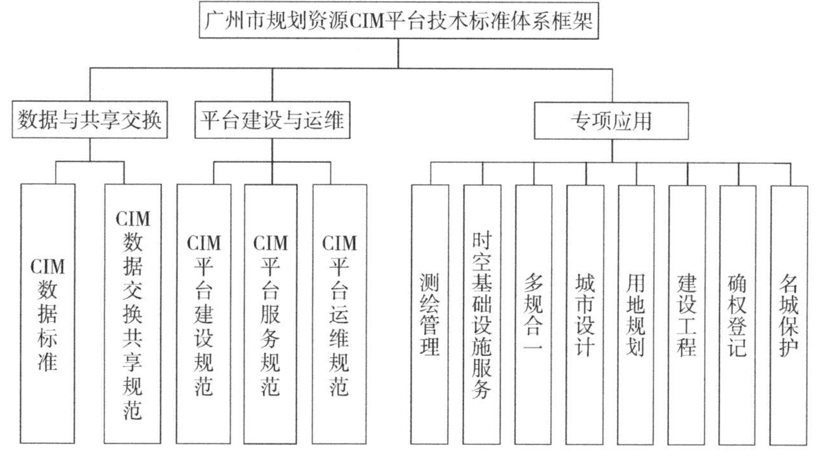

图7-2 广州市规划资源CIM平台技术标准体系框架

7.2　南京市CIM标准体系

南京市CIM标准体系的研究从南京市CIM平台实际情况和顶层设计出发，遵循国家标准体系建设相关文件规定，形成了一套目标明确、全面成套、层次适当、划分清楚且符合地方特色的CIM标准体系。南京市CIM标准体系涵括标准体系概念模型、标准体系框架、标准明细清单、相关标准文件、标准体系文本及标准体系研究报告等内容，标准体系框架具体分类如图7-3所示。该体系框架由基础类、通用类、数据资源类、获取处理类、基础平台类、管理类、工建专题类、CIM+应用类共计8大类38小类组成。

其中，“基础类”和“通用类”为基础性、公共性描述，涵盖适用范围广，确保共用部分的一致理解、共享适用，是标准体系中的基础标准集合；“数据资源类”和“获取处理类”涵盖基础地理空间信息、城市规划与设计和城市运行维护等

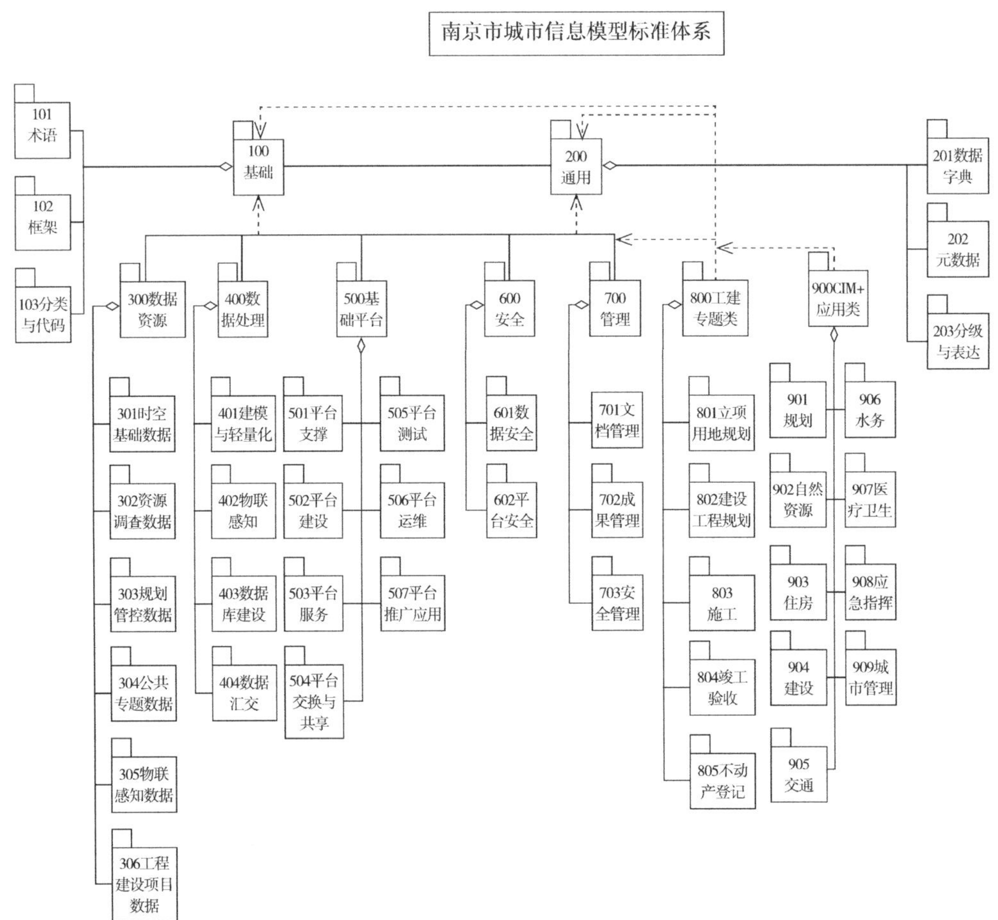

图7-3　南京市CIM标准体系框架

相关数据的采集和内容表达、数据治理和建库方式，是标准体系的核心标准，可约束生产成果；“基础平台类”规范CIM基础平台建设、服务、运维及数据交换与共享等内容，并对CIM基础平台的推广应用提出建议方案；“管理类”以成果管理、网络与设备管理、安全管理等为研究对象，为确保CIM相关管理工作的顺利实施制定标准；工程建设项目审查审批提质增效是南京市CIM项目建设的重点内容，“工建专题类”即基于此目的规范工程建设项目各阶段电子数据的交付要求、审查范围和审查流程；“CIM＋应用类”下设分类涵盖规划、自然资源、住房、建设、交通、水务、医疗卫生、应急指挥以及城市管理等行业，为保障基于CIM基础平台设计、开发各行业应用而制定相关标准。

7.3 成都市CIM标准体系

成都市CIM标准体系通过梳理相关的国家、行业以及地方标准，以实际需求为准，整理待发行的标准，形成体系框架如图7-4所示。该体系框架由通用类、数据资源类、获取处理类、基础平台类、管理类、CIM＋应用类共计 6 大类 35 中类组成。其中，通用类由术语、框架、分类编码、数据字典等小类组合而成，该部分标准对于促进 CIM 标准体系理解具有重要意义；数据资源、获取处理、基础平台和管理几大类在体系中并行存在，并依赖于通用类；CIM＋应用类不仅需要基础当中约定的通识内容，而且依赖于数据资源、获取处理、基础平台等类下的标准提供数据、平台功能以及成果管理等内容的支撑。

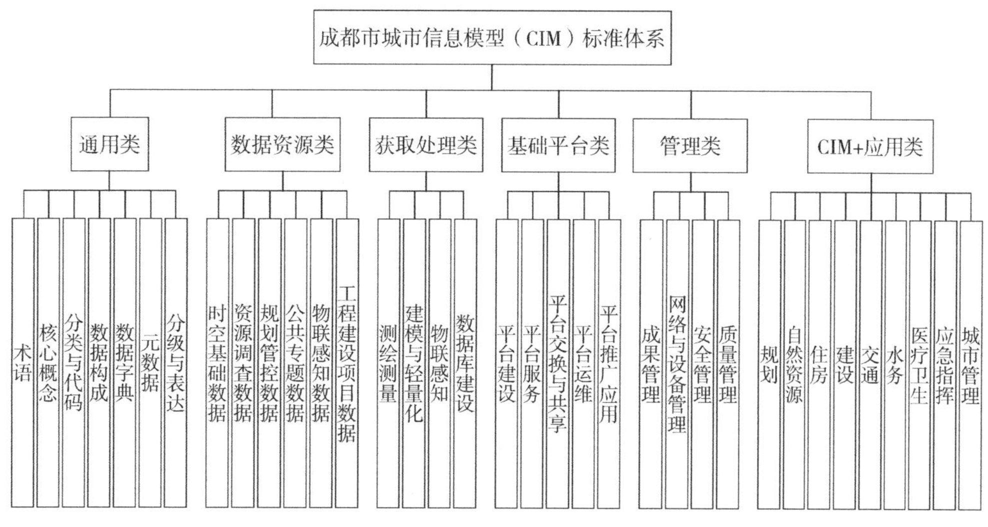

图7-4 成都市城市信息模型标准体系

“通用类”为基础性、公共性描述，涵盖适用范围广，确保共用部分的一致理解、共享适用，是标准体系中的基础标准集合；“数据资源类”和“获取处理类”涵盖基础地理空间信息、城市规划与设计和城市运行维护等相关数据的采集和内容表达、数据治理和建库方式，是标准体系的核心标准，可约束生产成果；“基础平台类”规范 CIM 基础平台建设、服务、运维及数据交换与共享等内容，并对 CIM 基础平台的推广应用提出建议方案；“管理类”以成果管理、网络与设备管理、安全管理等为研究对象，为确保 CIM 相关管理工作的顺利实施制定标准；“CIM＋应用类”下设分类涵盖规划、自然资源、住房、建设、交通、水务、医疗卫生、应急指挥以及城市管理等行业，为保障基于CIM 基础平台设计、开发各行业应用而制定相关标准。

7.4 广东省CIM标准体系

广东省CIM标准体系的研究借鉴相关标准体系思路，通过充分梳理国家、行业和地方标准，综合考虑当前的技术水平与未来发展需要，响应国家新城建建设应用，并结合广东省近期立项的标准编制工作，纳入地方特色需求，明确了标准体系框架的逻辑结构和分级，体系框架具体分类如图7–5所示。标准体系框架由基础类、数据类、平台类、管理类、新城建应用类、其他应用类组成，共计6大类18小类。其中，“基础类”为基础性、公共性的描述，涵盖适用范围广，是体系中其他标准的基础；“数据类”规范CIM数据的基本构成、采集与处理、共享交换等；“平台类”规范CIM基础平台建设和运行维护；“管理类”主要规范CIM相关项目在安全管理方面的技术要求；“新城建应用类”规范城市信息模型在新城建中的应用，是广东省CIM项目建设的重点内容；“其他应用类”涵盖规划和自然资源、交通、水

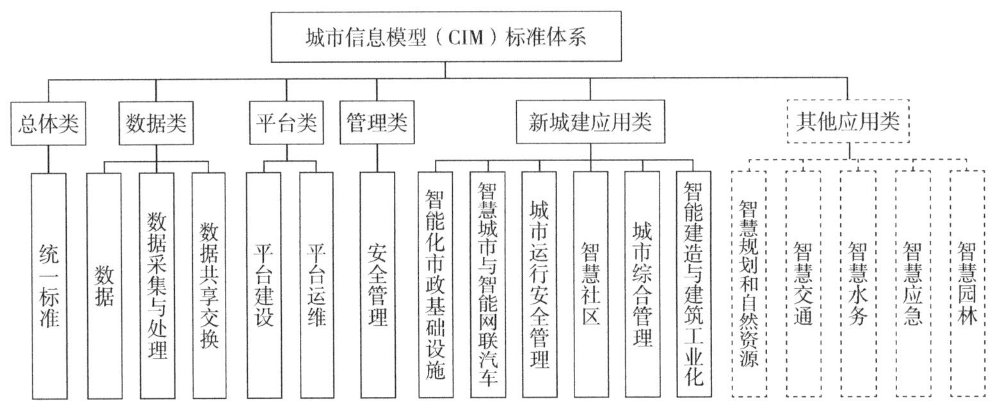

图7–5 广东省CIM标准体系框架图

务、园林、应急等多个行业，由于涵盖范围较广，且与住房和城乡建设领域相差过大，故用虚框表示，仅作为标准体系的一部分，未具体写标准规范，主要以指南的形式出现。

7.5　全国智标委CIM标准体系

为推进CIM建设与发展，全国智能建筑及居住区数字化标准化技术委员会（全国智标委）编制了《城市信息模型标准体系研究》成果文件，梳理并归类了CIM技术及标准，形成了一套三个层次的CIM标准体系，如图7-6所示。第一层次基础标准涵盖术语板块，第二层次通用标准涵盖数据共享与交换、平台建设与运维、信息安全及城市信息模型（CIM）专项应用四个板块，第三层次为专用标准。

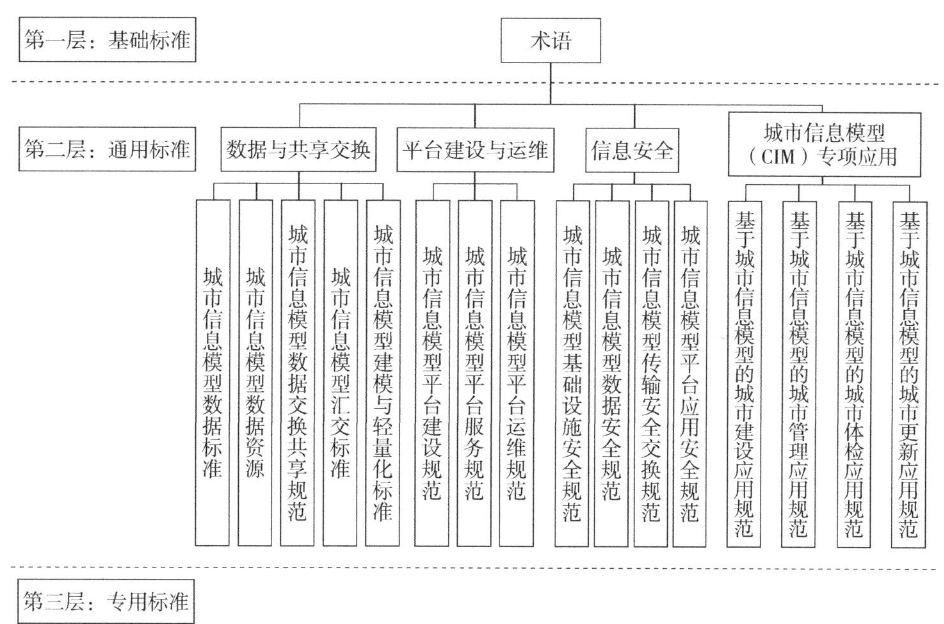

图7-6　CIM标准体系框架图

7.6　住房和城乡建设部CIM标准体系

住房和城乡建设部CIM标准体系在充分研究国内外相关智慧城市、建筑信息模型标准体系及国内相关CIM标准体系基础上，通过调研分析实际建设需求，借鉴相关标准体系思路，通过充分梳理国家、行业和地方标准，综合考虑当前的技术水平与未来发展需要，并结合近期立项的标准编制工作，明确了层次结构分明、特色突出的CIM标准体系框架，标准体系框架共计3大层次5大类，具体分类如图7-7所示。3大层次包含基础层、通用层和专用层，其中基础层指整套标准体系的最顶层，统一下层标准的定义、语义基础和表达等内容，是整套标准体系的底板支撑，主要形成具有广泛适用范围的基础标准，包括CIM系列标准更通用的部分，如应用统一、元数据以及分类编码等；通用层包含CIM标准体系中数据资源、加工处理、基础平台以及安全运维等内容，旨在规范CIM技术服务于智慧城市建设过程中产生的各种项目行为；专用层包含CIM标准体系中工建改革和基于CIM技术产生的与智慧城市相关的专项业务服务（规划、建设和管理等），规范CIM相关业务或系统功能的开发及应用，促进工建项目审查审批提质增效，为智慧城市建设提供核心技术支撑。5大类包含总体类、数据类、平台技术类、安全运维类和应用类，其中“总体类”为基础性、公共性的描述，涵盖适用范围广，是体系中其他标准的基础；“数据类”规范CIM元数据、数据加工技术、数据交换格式等；“平台技术类”规范CIM基础平台建设和运行服务；“安全运维类”主要规范CIM平台安全、平台运维和数据安全方面的技术要求；“应用类”以规划、建设、管理、运行、服务五大方面进行分组，规范城市运行管理服务等内容。CIM标准体系中标准的编制状态分为制定中、待制定和已发布3类。

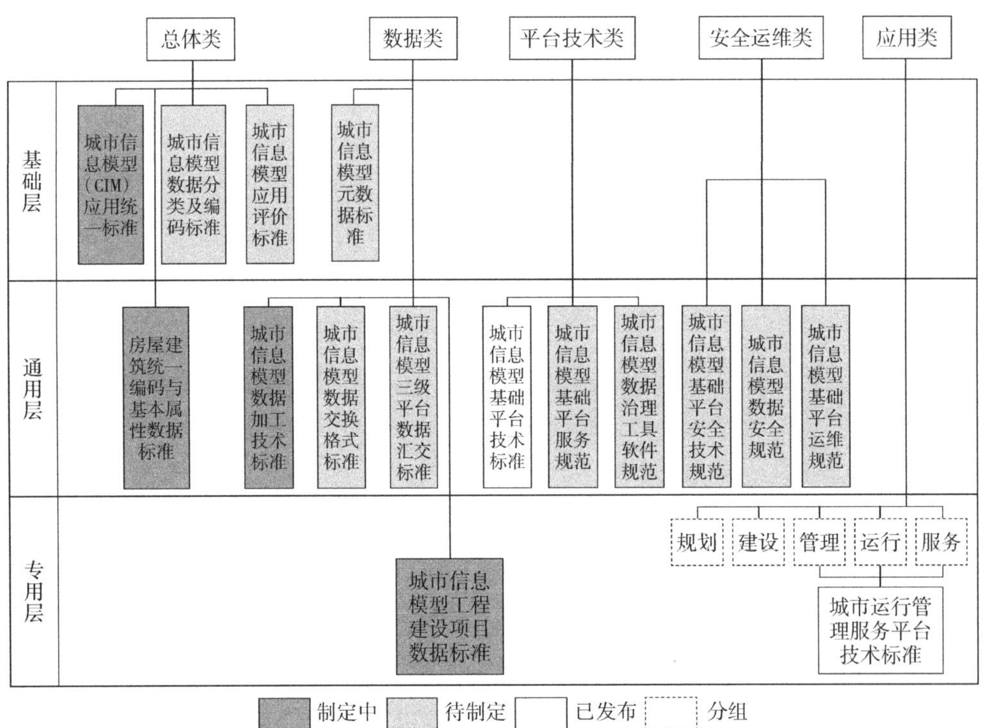

图7-7　CIM标准体系框架图

第8章 总结与展望

8.1 CIM标准体系总结

国内CIM的建设已进入快速发展的实践期，各地CIM平台建设如火如荼。但总体而言，CIM仍属于刚起步的阶段，行业尚缺乏完整的标准体系来统筹、引导、提升CIM领域总体技术水平。为了做好城市信息模型标准化的顶层设计，本书在对城市信息模型的来源、概念及框架、发展现状分析研究基础上，总结了标准体系的相关理论与编制方法，依据科学规范的理论体系，经对比、分析、提炼智慧城市标准体系、建筑信息模型标准体系、测绘地理信息标准体系相关内容，首次构建了由基础类、通用类、专业类3大类组成的结构清晰合理、分类齐全完整、可操作性强的CIM标准体系，用以保障CIM建设内容的规范统一，指导CIM项目实施，推动相关产业标准化进程，提升数据和平台建设的完整性、前瞻性和实用性。

因各地在资源分布、经济基础、行业现状、人才构成、区域本底等方面存在差异性，对于不同地区CIM标准体系的建设，可在充分借鉴吸收本书及国内外相关标准体系成果基础上，结合地方实际需求，关注应用重点领域，增减体系相应标准清单。CIM标准体系的建设是一项长期任务，后续应通过CIM平台建设实践，不断总结经验，持续对标准体系进行更新、优化和提升。

8.2 CIM标准应用展望

CIM标准体系建设的最终目的是服务于CIM产业的发展，这意味着CIM标准应用于产业发展过程，来源于产业发展需求。CIM是一个运用多种信息化技术集成整合城市多维多尺度空间数据和物联感知数据于一体的城市信息有机综合体。通过建立CIM基础平台，实现这些城市信息资源的高度集成化、共享化，进而推动与城市发展息息相关的各个行业及部门的数据融合和业务协同，支撑城市规划、建设、管理、运行等工作，为城市转型和高质量发展奠定基础。本书结合CIM标准体系成果，对CIM标准应用及发展进行展望。

8.2.1 CIM数据类标准

CIM数据类标准规范了与城市发展紧密联系的城市规划和自然资源（含测绘）、城市住房和建设、交通管理和水务管理等政府部门和相关单位应汇聚至CIM平台的数据内容及构成、数据更新方式及要求、数据共享与交换的内容及要求，以解决CIM平台数据建库中数据融合、更新、交换共享应用等问题。但城市数据具有体量大、种类多、来源广等特点，这些特点给数据采集、处理、管理及调用服务等方面工作带来了诸多困难，CIM数据类标准既能解决实践过程中出现的某些问题，同时也推动着各阶段工作打破标准局限，走向新的趋势。

对于采集后的CIM数据资源，需要进行数据过滤、清洗等处理工作，为后续的数据管理与服务调用做准备工作。因CIM涉及海量数据的清洗治理，这给数据处理中心的计算工作带来重大挑战。为降低数据处理中心的计算任务，提高CIM平台数据治理能力，应用具有显著大数据处理优势的边缘计算、云计算等技术，助力CIM数据治理工作是必然的发展趋势。未来可在本书CIM标准体系220获取处理中，增加针对CIM大数据治理类标准。

由于CIM平台需汇聚的数据量庞杂，为了实现CIM资源和服务被高性能调用及重复利用，需要对各类数据进行集中管理，同时需要对各部门数据进行分类存储，为解决数据集中管理与分散存储的矛盾，未来可在本书构建的CIM标准体系小类“241成果管理”中，增加针对CIM资源的云存储和管理类标准。

8.2.2 CIM工建专题类标准

CIM标准体系中工建专题类标准是以工程建设项目审批制度改革（以下简称“工改”）提质增效为目的，运用CIM平台实现工程建设项目四个阶段业务审查审批工作而制定的标准。标准对各阶段上传至CIM平台的电子数据的交付要求、审查范围和审查流程做出了相关的规定，规范了基于CIM平台实现四个阶段审查的全工作流程及技术要求。

工改的最终目标是实现工程建设项目四个阶段业务审查审批全智能化、自动化。随着人工智能技术的不断发展，未来可将机器学习算法（人工智能）应用于CIM系统中工程建设项目业务的审批审查工作，让系统自主学习规划审批规则、知识，并自动进行知识的更新迭代，助力CIM实现四个阶段业务审查流程全智能化、自动化。未来可在本书CIM标准体系310工建专题中，补充机器学习算法辅助CIM规划审批类标准。

8.2.3　CIM+应用类标准

CIM+应用类标准是基于CIM技术产生的与智慧城市建设相关的专项业务服务技术标准，涵盖规划、自然资源、住房、建设、交通、水务、医疗卫生、应急指挥以及城市管理等行业。标准的建立将各个行业与CIM基础平台建立联系，开发基于CIM的行业智慧应用，各类应用可以对CIM基础平台的数据和服务功能进行调用，其产生的城市基础数据可以沉淀和回流至CIM基础平台，共同形成城市的数据资产，通过信息资源的整合提升，支撑CIM平台的发展，CIM+应用类标准的制定不仅能带动相关产业基础能力提升，同时能推动智慧城市建设进程，提升城市精细化、智慧化治理水平。

随着城市的发展，CIM+应用类标准远不止于上述提及行业，现阶段各行各业从业人员都在对CIM技术进行不断挖掘，以衍生出更多的CIM+应用，促进城市智慧化管理与运行发展。

CIM标准体系的建设是落实国家“标准化建设推动行业高质量发展”的重要战略举措，推动了为CIM系统提供相应底层技术支持的如3D GIS、BIM、IoT、AI、大数据存储中心、云计算、导航测绘遥感、芯片等技术产业和与智慧城市建设服务相关的如规划、建设、交通、水务等行业的升级，加强了与城市规划、建设、管理与运行工作相关的部门之间的数据共享与业务协同。CIM行业的发展还处在一个崭新的起点，新技术在不断涌现，本书研究成果与对未来的展望可供行业参考与借鉴。

参考文献

[1] 向雪琴，高莉洁，侯丽朋，等. 城市的描述性框架研究进展综述［J］. 标准科学，2018（2）：53-60.

[2] 曹阳，甄峰. 基于智慧城市的可持续城市空间发展模型总体架构［J］. 地理科学进展，2015，34（4）：430-437.

[3] 万励，金鹰. 国外应用城市模型发展回顾与新型空间政策模型综述［J］. 城市规划学刊，2014（1）：81-91.

[4] Harrison C, Donnelly I A. A theory of smart cities. 55th International society for the systems sciences［J］. University of Hull Business School, Hull, United Kingdom, 2011.

[5] Echenique M.Hargreaves A.Presenta-tion of project overview［G］. Epsre Revisions Final Conference.London, 2012.

[6] ISO 37105-2019, Sustainable cities and communities – Descriptive framework for cities and communities（First edition）[S].

[7] 吴志强，甘惟，臧伟，等. 城市智能模型（CIM）的概念及发展［J］. 城市规划，2021，45（4）：106-113, 118.

[8] Hamilton A, Wang H, Tanyer A M, et al. Urban information model for city planning［J］. Journal of Information Technology in Construction, 2005，10（6）: 55-67.

[9] Stojanovski T. City information modeling（CIM）and urbanism: Blocks, connections, territories, people and situations［C］//Proceedings of the Symposium on Simulation for Architecture & Urban Design, 2013.

[10] Xu X, Ding L, Luo H, et al. From building information modeling to city information modeling［J］. Journal of Information Technology in Construction, 2014, 19: 292-307.

[11] Isikdag U. BIM and IoT: A synopsis from GIS perspective［J］. The International Archives of Photogrammetry, Remote Sensing and Spatial Information Sciences, 2015, 40: 33.

[12] Lehner H, Dorffner L. Digital geoTwin Vienna: Towards a digital twin city as Geodata Hub［J］. 2020.

[13] 高艳华，陈才，张育雄，等. 数字孪生城市研究报告（2018年）［R］. 北京：中国信息通信研究院，2018.

[14] 达索系统和新加坡政府合作开发“虚拟新加坡”首创性的虚拟新加坡平台可解

决新加坡面临的新型复杂难题［J］. 土木建筑工程信息技术，2015，7（4）：98.

［15］耿丹. 基于城市信息模型（CIM）的智慧园区综合管理平台研究与设计［D］. 北京：北京建筑大学，2017.

［16］李云贵，何关培，李海江，等，中美英BIM标准与技术政策［M］. 北京：中国建筑工业出版社，2018.

［17］张璐薇，关瑞明. BIM技术发展及其建筑设计应用［J］. 华中建筑，2016,34（11）:52-57.

［18］董昆. BIM技术在建设工程项目施工质量控制的应用研究［D］. 北京：北京邮电大学，2018.

［19］Grieves M. Digital twin：Manufacturing excellence through virtual factory replication［J］. White Paper, 2014, 1：1-7.

［20］Glaessgen E, Stargel D. The digital twin paradigm for future NASA and US Air Force vehicles［C］//53rd AIAA/ASME/ASCE/AHS/ASC structures, structural dynamics and materials conference 20th AIAA/ASME/AHS adaptive structures conference 14th AIAA. 2012.

［21］毛子骏，黄膺旭. 数字孪生城市：赋能城市"全周期管理"的新思路［J］. 电子政务，2021（08）：67-79.

［22］Tao F, Zhang H, Liu A, et al. Digital twin in industry：State-of-the-art［J］. IEEE Transactions on Industrial Informatics, 2018, 15（4）：2405-2415.

［23］Tao F, Zhang M, Nee A Y C. Digital twin driven smart manufacturing［M］. Academic Press, 2019.

［24］唐堂，滕琳，吴杰，等. 全面实现数字化是通向智能制造的必由之路——解读《智能制造之路：数字化工厂》［J］. 中国机械工程，2018，29（3）：366-377.

［25］本刊编辑部. 美欧军工领域发力数字孪生技术应用［J］. 国防科技工业，2019（2）：36-37.

［26］Lu Y, Liu C, Kevin I, et al. Digital twin-Driven smart manufacturing：Connotation, reference model, applications and research issues［J］. Robotics and Computer-Integrated Manufacturing, 2020, 61：101837.

［27］Fourgeau E, Gomez E, Adli H, et al. System engineering workbench for multi-views systems methodology with 3DEXPERIENCE Platform. The aircraft radar use case［M］// Complex Systems Design & Management Asia. Springer, Cham, 2016.

［28］Grieves M, Vickers J. Digital twin：Mitigating unpredictable, undesirable emergent behavior in complex systems［M］//Transdisciplinary perspectives on complex systems.

Springer, Cham, 2017.

［29］ Tuegel E J, Ingraffea A R, Eason T G, et al. Reengineering aircraft structural life prediction using a digital twin［J］. International Journal of Aerospace Engineering, 2011.

［30］ 陶飞，刘蔚然，刘检华，等. 数字孪生及其应用探索［J］. 计算机集成制造系统，2018，24（1）：1-18.

［31］ 数字孪生城市研究报告（2019年）［R］. 中国信息通信研究院，2019.

［32］ 肖建华，王厚之，彭清山，等. 推进“测绘4.0”，实现测绘地理信息事业转型升级［J］. 地理空间信息，2017，15（1）:1-4，10.

［33］ 刘睿健. 云边协同 构建交通“大脑”与“神经末梢”交通云平台与边缘计算初探［J］. 中国交通信息化，2021（06）:18-31.

［34］ 施巍松，张星洲，王一帆，等. 边缘计算:现状与展望［J］. 计算机研究与发展，2019，56（1）:69-89.

［35］ 高艳丽，陈才，张育雄. 企业抢滩数字孪生城市［J］. 中国建设信息化，2019（21）:18-21.

［36］ Burdea G, Coiffet P. Virtual Reality Technology（Second Edition）［M］. New York: John Wiley & Sons, 2003.

［37］ 汪婷婷. 虚拟现实技术的现状及发展趋势分析［J］. 数字通信世界，2017，（12）: 124.

［38］ 张觅杰. 城市更新项目BIM+VR设计质量管理研究［D］. 昆明：云南大学，2020.

［39］ 许镇，吴莹莹，郝新田，等. CIM研究综述［J］. 土木建筑工程信息技术，2020,12（3）：1-7.

［40］ 王永海，姚玲，陈顺清，等. 城市信息模型（CIM）分级分类研究［J］. 图学学报，2021（6）：995-1001.

［41］ 胡睿博，陈珂，骆汉宾，等. 城市信息模型应用综述和总体框架构建［J］. 土木工程与管理学报，2021，38（4）：168-175.

［42］ ISO/IEC GUIDE 2-2004，Standardization and Related Activities General vocabulary.

［43］ 国家质量监督检验检疫总局. 标准化工作指南第1部分：标准化和相关活动的通用词汇，GB/T 20000.1-2014［S］. 北京：中国标准出版社，2015.

［44］ 中华人民共和国标准化法. 2018.

［45］ 国务院办公厅. 深化标准化工作改革方案（国办发〔2015〕13号）. http://www.gov.cn/zheng ce/content/2015-03/26/content_9557.htm.

［46］ 麦绿波. 标准体系构建的方法论［J］. 标准科学，2011（10）：11-15.

[47] 国家质量监督检验检疫总局. 标准体系构建原则和要求，GB/T 13016-2018 [S]. 北京：中国标准出版社，2018.

[48] 舒文琼. 重新定义数字时代的顶层设计 [J]. 通信世界，2015 (13)：1.

[49] 刘文府. 标准化系统工程 [J]. 航天标准化，2001 (6)：39-43.

[50] 降文萍，张培河，刘娜娜，等. 我国煤层气标准体系构建 [J]. 煤炭工程，2021，53 (8)：1-6.

[51] 王钾，蔡然，牛江波. 知识产权标准体系构建原则及方法研究——以深圳市知识产权标准体系为例 [J]. 中国标准化，2019 (2)：208-210.

[52] 王瑞. 中国定制木质家居产业标准体系构建研究 [D]. 北京：中国林业科学研究院，2019.

[53] 齐桂，万长秀，彭芳，等. 中医临床护理标准体系框架构建的思路与方法 [J]. 时珍国医国药，2014，25 (4)：981-982.

[54] 张群，吴东亚，赵菁华. 大数据标准体系 [J]. 大数据，2017，3 (4)：11-19.

[55] 张宝军，陈厦，李仪. 自然灾害遥感应用标准体系构建方法研究 [J]. 防灾科技学院学报，2016，18 (3)：1-10.

[56] 朱秀丽，李莉. UML在研建地理信息标准体系中的应用 [J]. 测绘通报，2012，4：33-37.

[57] 全国信息技术标准化技术委员会SOA分技术委员会. 我国智慧城市标准体系研究报告. 2013.

[58] 全国智能建筑及居住区数字化标准化技术委员会. 中国智慧城市标准体系研究. 2013.

[59] 王彬彬. 福建省智慧城市标准体系框架研究 [J]. 中国标准化，2019 (12)：205-208.

[60] 陕西省工业和信息化厅. 陕西省智慧城市建设要求与技术规范 智慧城市体系架构和总体要求，GF 61/T ZT001 [S]. 2014.

[61] NBIMS-US. National BIM Standard - United States® Version 3 [S]. 2015.

[62] 国家质量监督检验检疫总局. 工业基础类平台规范，GB/T 25507—2010/ISO/PAS 16739：2005 [S]. 2010.

[63] 叶凌，杜羿. 英国建筑行业BIM发展概述 [J]. 施工技术，2017，46 (06)：60-64.

[64] 李云贵，何关培，李海江，等，中美英BIM标准与技术政策 [M]. 北京：中国建筑工业出版社，2018.

[65] 清华大学软件学院BIM课题组. 中国建筑信息模型标准框架研究 [J]. 土木建筑

工程信息技术，2010，2（2）：1-5.

[66] 薛晓轩，徐凯. 吉林省测绘地理信息标准体系研究［J］. 测绘与空间地理信息，2020，43（10）：108-112，115.

[67] 曾文华. 浙江省地理信息标准体系框架建设研究［J］. 测绘标准化，2013，29（3）：5-8.

[68] 全国地理信息标准化技术委员会. 国家地理信息标准体系框架［S］. 2007.

[69] 全国地理信息标准化技术委员会. 国家地理信息标准体系（第一版）［S］. 2008.

[70] 国家测绘局. 测绘标准体系（2017修订版）［S］. 2017.

[71] 自然资源部. 自然资源标准体系［S］. 2022.

[72] 南京市规划局，南京市质量技术监督局，南京市测绘管理办公室. 南京市测绘地理信息标准体系［S］. 2018.

[73] 王亚平，迟有忠，王芙蓉，等. 应用导向下城市级BIM建筑功能分类编码路径探析［C］//. 南京市国土资源信息中心30周年学术交流会论文集. 2020.